冯康先生(1920 年 9 月 9 日—1993 年 8 月 17 日)

1953 年华罗庚和冯康随中国科学院访苏代表团赴苏联访问(左二冯康)

冯康在作报告

冯康与周光召在参加会议

1989 年 4 月 20 日冯康与周毓麟参加计算中心常务理事会议

1989 年 4 月 20 日冯康参加中国科学院计算中心常务理事会议

冯康与崔俊芝讨论工作

1986年冯康与张克明、黄鸿慈、张关泉、邬华漠合影

1978年10月冯康与黄鸿慈、张关泉在中国驻意大利大使馆

1988 年冯康与袁亚湘在剑桥大学著名之苹果树下留影

1987 年 11 月 14 日冯康与余德浩在瑞士日内瓦游船上

冯康与石钟慈以及中国科学院计算中心部分学生和博士后的合影

1986 年 9 月 19 日冯康在中国科学院计算中心庆祝四大紧急措施三十周年大会上

1993 年冯康在"攀登计划"项目交流会上作报告

纪念冯康先生诞辰100周年

《冯康先生纪念文集》编委会

主　编：袁亚湘

编　委：(按姓氏音序排列)

曹礼群　　戴彧虹　　洪佳林

江　松　　明平兵　　许志强

张林波　　郑伟英　　周爱辉

冯康先生纪念文集

袁亚湘　主编

科学出版社

北京

内 容 简 介

2020 年，是中国计算数学与科学工程计算学科奠基人和开拓者冯康先生诞辰 100 周年。为缅怀冯康先生为中国计算数学与科学工程计算所作出的巨大贡献，追忆他生活中的片光零羽，发扬他克难创新的治学精神和甘于奉献的育人理念，中国科学院数学与系统科学研究院计算数学与科学工程计算研究所、中国数学会计算数学分会联合编辑出版《冯康先生纪念文集》。文集主要收录了冯先生的至亲家人、门下弟子、学界同行、冯康科学计算奖获得者等撰写的回忆和纪念文章。

本书适合对计算数学、力学或者冯康先生的生平感兴趣的读者阅读。

图书在版编目（CIP）数据

冯康先生纪念文集/袁亚湘主编. —北京：科学出版社，2020.8
ISBN 978-7-03-065716-9

Ⅰ. ①冯⋯ Ⅱ. ①袁⋯ Ⅲ. ①计算数学-文集 Ⅳ. ①O24-53

中国版本图书馆 CIP 数据核字（2020）第 132863 号

责任编辑：李静科／责任校对：彭珍珍
责任印制：吴兆东／封面设计：无极书装

科学出版社 出版
北京东黄城根北街 16 号
邮政编码：100717
http://www.sciencep.com

北京建宏印刷有限公司 印刷
科学出版社发行　各地新华书店经销
*
2020 年 8 月第 一 版　开本：720×1000 B5
2021 年 9 月第三次印刷　印张：11
字数：205 000

定价：128.00 元
（如有印装质量问题，我社负责调换）

前　言

　　2020 年，是中国计算数学与科学工程计算学科奠基人和开拓者冯康先生诞辰 100 周年。为缅怀冯康先生为中国计算数学与科学工程计算所作出的巨大贡献，追忆他生活中的片光零羽，发扬他克难创新的治学精神和甘于奉献的育人理念，中国科学院数学与系统科学研究院计算数学与科学工程计算研究所、中国数学会计算数学分会联合编辑出版《冯康先生纪念文集》。文集主要收录了冯先生的至亲家人、门下弟子、学界同行、冯康科学计算奖获得者等撰写的回忆和纪念文章。

　　翻开文集，我们看到一位伟大的科学家由远而近向我们走来。这位拥有高居前端的问题意识、无私无畏的奉献精神的开拓者，以刚毅坚卓的一生耕耘于计算数学的广袤大地之上；这位熟练使用七国语言、广博扎实的数理知识的智慧学者，让我们感受到的是他时刻与祖国共命运的家国情怀和不断引领学科发展的领袖风范。此外，读者在认识冯康先生的同时，也能了解到中国计算数学的发展历程和几代计算数学人的努力成果。文集记录的不仅仅是回忆，是怀念，更是传承……

《冯康先生纪念文集》编委会

目　　录

中国计算数学奠基人冯康

冯康，中国科学院院士（中国科学院学部委员），中国科学院计算中心名誉主任，数学和物理学家，计算数学家，中国计算数学的奠基人和开拓者。

冯康 1920 年 9 月 9 日出生于江苏省南京市，1939 年春考入福建协和学院数理系；同年秋考入重庆中央大学电机工程系，两年后转物理系学习。1945 年至 1951 年，冯康先后在复旦大学物理系、清华大学物理系和数学系任助教；1951 年调到新组建的中国科学院数学研究所任助理研究员；1951 年至 1953 年在苏联斯捷克洛夫数学研究所工作。1945 年至 1953 年，冯康先后在数学大师陈省身、华罗庚与庞特里亚金（Pontryagin）等的指导下工作。1957 年冯康受命调到中国科学院计算技术研究所，参加了中国计算技术和计算数学创建工作，成为中国计算数学和科学工程计算学科的奠基者、学术带头人。1978 年调到中国科学院计算中心任中心主任，1987 年改任计算中心名誉主任。1993 年 8 月 17 日，冯康逝世，享年 73 岁。

冯康 1959 年被评为全国先进工作者，1964 年被选为第三届全国人大代表，1979 年被评为全国劳动模范，1980 年当选为中国科学院学部委员（中国科学院院士）。曾任中国计算机学会副主任委员，中国计算数学会学理事长、名誉理事长，国际计算力学协会创始理事，英国伦敦凯莱计算与信息力学研究所科技顾问，国际力学与数学交互协会名誉成员，英国爱丁堡国际数学研究中心科学顾问等多个学会、协会职务。他曾任我国四种计算数学杂志的主编，先后担任美国《计算物理》、日本《应用数学》、荷兰《应用力学与工程的计算方法》、美国《科学与工程计算》以及《中国科学》等杂志的编委，并任《中国大百科全书》数学卷副主编。

冯康的科学成就是多方面的和非常杰出的。1957 年前他主要从事基础数学研究，在拓扑群和广义函数理论方面取得了卓越的成就。1957 年以后他转向应用数学和计算数学研究，其具有广博而扎实的数学、物理基础，使得他在计算数学这门新兴学科上作出了一系列开创性贡献和历史性成就。20 世纪 50 年代末至 60 年代初，在解决大型水坝计算问题的集体研究实践的基础上，冯康独立于西方创造了一套求解偏微分方程问题的系统化、现代化计算方法，即现时国际通称的有限元方法。有限元方法在科学与工程计算中得到极为广泛的应用，是当代计算方法进展的里程碑。20世纪70年代，冯康建立了间断有限元函数空间的嵌入理论，并将椭圆方程的经典理论推广到具有不同维数的组合流形，为弹性组合结构提供了严密的数学基础，在国际上为首创。同一时期，冯康对传统的椭圆方程归化为边界积分方程的理论作出了重要贡献，提出了自然边界元方法，成为国际边界元方法的三大流派之一。20世纪80年代，冯康将研究重点从以椭圆方程为主的稳态问题转向以哈密尔顿方程和波动方程为主的动态问题。1984年，他首次提出基于辛几何计算哈密尔顿体系的方法，即哈密尔顿体系的保结构算法，开创了哈密尔顿体系计算方法新领域。新的算法解决了动力学长期预测计算方法问题，促进了天体轨道、高能加速器、分子动力学等领域计算的革新。冯康先后获得全国科学大会重大成果奖、国家自然科学奖二等奖、国家科学技术进步奖二等奖、中国科学院自然科学奖一等奖、国家自然科学奖一等奖等。他还为中国"两弹一星"功勋计算机109丙机作出了贡献。冯康收到1983年和1994年国际数学家大会的邀请，去作45分钟的邀请报告。1995年国际工业与应用数学大会也曾决定邀请冯康作一小时大会报告。

除了自己的研究工作外，冯康还做了大量学术指导工作。他曾亲自为中国科学院计算技术研究所三室200多名科研人员讲授现代计算方法，进行科研指导。他亲自培养的研究生遍布国内外，不少人成为国际知名学者。冯康非常关心全国计算数学学科的发展及队伍的建设，多次提出重要的指导性意见。他曾向中央领导提出建议并向社会呼吁重视科学与工程计算，倡议将科学与工程计算列入国家基础研究重点项目等等。他筹组"大规模科学与工程计算的方法和理论"攀登计划，并创建"科学与工程计算"国家重点实验室。冯康用极大的热情，从科学技术发展的战略高度上阐明科学与工程计算的地位和作用，有力地促进了计算数学的进步与发展以及在我国建设中发挥其应有的作用。他创办三个计算数学杂志《计算数学》《数值计算与计算机应用》和 *Journal of Computational Mathematics*，为我国计算数学的学术交流和人才培养作出了重要贡献。

冯康的一生，是为科学事业奋斗不息的一生，是为祖国无私奉献的一生。他从不满足，具有强烈的创新精神；他从不懈怠，牢记为国争光的责任使命；他关心青年人才成长，逝世前清醒的片刻，他首先询问1993年"华人科学与工程计算青年学者会议"的准备情况。他积极倡导理论联系实际,并身体力行;他既运筹帷幄,又冲锋在前。他是中国计算数学后辈的导师,循循善诱、不知疲倦;他是中国计算数学团队的领袖,披荆斩棘、引领方向。

冯康是新中国培养出来的理想高远、作风扎实、独立自主、无私奉献的科学家,他的人格、品质、精神、能力、成就矗立丰碑,名垂史册。

中国科学院数学与系统科学研究院
计算数学与科学工程计算研究所
2020 年 3 月 30 日

从一份会议纪要所想到的

江 松 明平兵

今年是冯康先生诞辰100周年,受冯康先生百年诞辰纪念文集编委会邀请,特撰写本文。

本文作者一位早年出国学习和工作,1997年3月回到北京应用物理与计算数学研究所工作;另一位2000年博士研究生毕业加盟中国科学院数学与系统科学研究院。机缘不巧,都没能够当面聆听冯先生的教导,深以为憾。但二十多年来,我们一直从事与计算数学相关的研究工作,切实地感受到冯先生对中国计算数学巨大而深远的影响。2019年8月第十二届全国计算数学年会上,我们分别当选为新一届中国数学会计算数学分会主任和秘书长。通过学会的历史文档和纪要,我们对冯先生有了更进一步的了解;其中,1985年中国计算数学学会第三届年会的会议纪要[①]更让我们感触良多,想借纪念文集谈谈自己的体会。

早在20世纪80年代初,计算数学学会就大力倡导计算数学研究要创新、面向前沿,要贯彻好"双百"方针,为经济建设服务,加强青年人才的培养等。作为中国计算数学学会的第二届理事长,冯先生大力推动国内计算数学在这些方面的发展,并在他的科研工作中身体力行地践行了计算数学学会的这些发展宗旨。

冯先生一生中最重要的两项工作,有限元方法和辛几何算法,均为从无到有的原始创新。冯先生在20世纪60年代独立于西方创立了有限元方法,他于1965年发表的论文《基于变分原理的差分格式》[②]是国际学术界承认我国独立发展有限元方法的主要依据[③]。1984年在由陈省身先生发起的"微分几何和微分方程国际研讨会"上,冯先生首次公开提出了哈密尔顿系统的辛几何算法[④],

---

① 《中国计算数学学会第三届年会会议纪要》,计算数学与科学工程计算研究所存档。在此届年会上冯先生当选为第二届理事长。

② Feng K. Difference schemes based on variational principles. Journal of Applied and Computational Mathematics, 1965, 2: 238-262.

③ Lax P. Memorial article of Feng Kang. SIAM News, 1993, 26(11).

④ Feng K. On difference schemes and symplectic geometry//Proceedings 1984 Beijing Symposium on Differential Geometry and Differential Equations. Beijing: Science Press, 1985: 42-58.

这是一种针对动态问题长时间演化行为模拟的全新计算方法，在天体力学、粒子加速器中的轨道计算以及分子动力学模拟等领域中得到广泛的应用。这项成果于 1997 年底被授予了国家自然科学奖一等奖。

计算数学研究要与国家需求紧密结合，落地解决实际问题。冯先生的工作完美地诠释了这一点。冯先生开创有限元方法的契机来自他 1963 年承担的一项国家攻关任务，即刘家峡大坝设计中的计算问题。面对这样一个实际计算难题，冯先生敏锐地发现解决难题的关键之处在于结合计算机模拟的特点，把变分原理和差分格式有机结合起来。这样一来，就可以在保证精度的前提下克服物理模型、边界条件以及复杂几何造成的困难。冯先生带领中国科学院计算技术研究所三室的三个小组于 1964 年初开始实施该方法，当年五一就获得了满意的计算结果，解决了刘家峡大坝设计中的应力分析问题。更进一步，编制了通用程序，先后解决了十余个相关桥梁大坝设计中的计算问题。以该项目的研究为基础，冯先生发展了一套求解偏微分方程的数值算法，命名为基于变分原理的差分格式，即现在的有限元方法。

20 世纪 80 年代早期，为了解决计算数学研究如何落地这一问题，冯先生联合计算数学学会在京理事和部分计算数学专家向中央领导同志建议，将科学工程计算方法与应用软件的研究纳入国家"七五"重点科技攻关项目，把大型科学计算与计算方法的研究纳入国家科技发展规划，并成立科学与工程计算国家重点实验室。这些建议内容被写入"七五"计划与科技发展规划，为国家采纳。1994 年成立的科学与工程计算国家重点实验室时至今日仍为数学学科唯一的国家重点实验室，在我国计算数学事业的发展中发挥了重要的作用。

计算数学要重视对年轻队伍的培养。冯康先生特别注意培养年轻人。早在 20 世纪 50 年代中期，冯先生亲自给中国科学院计算技术研究所 200 多名年轻计算数学工作者上课，讲授现代计算数学理论。在担任全国计算数学学会理事长期间，他多次组织讲习班并亲自授课。特别值得一提的是，1993 年的"华人科学与工程计算青年学者会议"，冯先生作为大会的学术委员主席，亲自审阅了全部论文，选定了大会主席并遴选了大会报告人。国内外从事科学与工程计算研究的优秀华人青年几乎全部都被邀请了。与会者后来在各自领域都作出了重要的贡献，不少成为享誉世界的计算数学家。

近年来，国家越来越认识到数学的重要性，越来越支持数学的发展。特别是 2019 年，为落实国务院 2018 年印发的《关于全面加强基础科学研究的若干意见》（国发〔2018〕4 号）的要求，切实加强我国数学科学研究，科技部、教育部、中国科学院、自然科学基金委联合制定了《关于加强数学科学研究工作方案》，明确指出要加强和加大支持应用数学和数学的应用研究，应用数学研究要面向国家重大需求和国际前沿，面向制约核心产业发展的瓶颈问题，针对重点领域、重大工程、国防安全等国家重大战略需求中的关键数学问题开展研究，应用数学要"落地"，要解决实际需求问题。在此形势下，我们现在重温三十五年前的学会会议纪要，回顾计算数学这三十五年来的发展历程，更加深刻地体会到以冯先生为代表的老一辈计算数学家高瞻远瞩的学科发展战略和卓有成效的发展举措。

当前，国家的这些政策为计算数学和应用数学的跨越式发展提供了很好的机会。我们相信在国家的大力支持下，年轻一代的计算数学工作者定能继续发扬以冯先生为代表的老一辈计算数学家的创新求实精神，不断推进我国计算数学的发展，在我国建成世界科技强国的过程中作出实实在在的贡献。

冯康的科学生涯
——我的回忆①

冯　端

今年 9 月 9 日，是已故中国科学院院士冯康先生诞辰 79 周年纪念日，在征得他的弟弟、中国科学院冯端院士的同意之后，本版刊登冯端院士在冯康先生逝世五周年之际撰写的纪念文章。该文从一个侧面反映了冯端院士的思想品格，读来令人感到十分亲切。

——编者

冯康逝世到现在已整整五年了，在这里对冯康不加任何头衔，因为一切头衔仅对生者有意义，逝去的科学家则只有以他的工作来面对世界，其他毫无意义。正如我们提到牛顿与爱因斯坦无须加任何头衔一样。冯康的逝世，一代科学大师的殒没，当时仅在我国新闻报道中引起一丝波澜，和他的科学业绩极不相称。甚至有些他的友好（数学界以外）对他过世竟毫不知晓，许久之后方始获悉他已不在人世了。国内只有计算数学界（多数是他的弟子辈）对于他为我国计算数学事业所作的贡献给予充分的评价，但知晓者几乎全部限于行内。耐人寻味的是，美国科学院院士 Lax 教授得悉冯康逝世的噩耗后，立即发表悼文，对冯康的科学生涯和业绩作出了全面而中肯的评价，并着重指出"他的声望是国际性的"，惜乎并未广为人知。应该说在 1993 年冯康虽已"盖棺"，但尚未得到"论定"。不仅如此，对他的飞短流长，亦有所闻。

实践是检验真理的唯一标准。令人欣慰的是，随着时间的推移，冯康的科学业绩越来越为人们所认识，其巨大的贡献在众多领域中凸现出来。1997 年春菲尔兹奖得主、中国科学院外籍院士丘成桐教授在清华大学所作题为"中国数家发展之我见"的报告中（见中国科学院《科学发展报告 1997》，亦见 1998 年 3 月 11 日《中国科学报》）提到："中国近代数学能够超越西方或与之并驾

---

① 原载于 1999 年 8 月 11 日、12 日、16 日、17 日《科学时报》。

齐驱的主要原因有三个，当然我不是说其他工作不存在，主要是讲能够在数学历史上很出名的有三个：一个是陈省身教授在示性类方面的工作，一个是华罗庚在多复变函数方面的工作，一个是冯康在有限元计算方面的工作。"这种对冯康作为数学家（不仅是计算数学家）的高度评价，令人耳目一新。为此，许多人奔走相告产生强烈共鸣，虽则其说法很可能出乎某些人的意料之外。随后1997年底国家自然科学奖一等奖授予冯康的另一项工作"哈密尔顿系统辛几何算法"，这是一项迟到的安慰奖，也是对他的科学业绩进一步的肯定。我以为这些迹象表明了对冯康的科学贡献作"论定"的时机业已来到，在过去我一直回避对冯康的科学生涯和贡献发表意见或写文章，因为作为他的亲人难免有偏袒之嫌，相信历史自有公论。现在好在客观的评价已由著名数学家和权威机构给出，再加上我年事已高，有些话不讲出来，也许再没有机会讲了。所以我也不避嫌地且毫无保留地将我对冯康的科学生涯所知道的事实以及我个人的见解，和盘托出，以表达我对冯康深深的怀念之情，寄托我们的哀思。

深厚的文化素养

科学家当然不是天上掉下来的星宿，而是在人间的凡人，通过家庭、学校和社会的培养和锻炼，逐渐成长起来的。作为冯康的亲人，我正好有机会得以就近观察一位杰出的科学家的成长过程，特别是从小学到大学这一阶段。目前素质教育得到社会的大力提倡，冯康的事例对此也有启发。冯康深厚的文化素养要归功于中学教育，他的母校，有名的苏州中学显然起了很大的作用。从家庭角度来说，主要是提供了宽松的学习环境，一种氛围。"宽松"这一点至关重要，它和当今的情况形成了鲜明的对比。我们的父母亲对子女的教育从不横加干涉或插手其间，更不施加任何压力。兄弟姐妹之间，虽有切磋之乐，却从不包办代替。记得冯康刚进初中时，英语遇到困难，由于他在小学一点英语也未学过，而其他同学大多学过英语。问题之解决完全靠他自己的努力，很快就跟上了班。不仅如此，还跃居班上的前列。在这整个时期之内，他是轻松愉快地进行学习，而不是中国传统教育强调的苦学，从来不开夜车（这和他后来的情况完全不同），即使考试时期，亦是如此。当时的中学教育强调"英、国、算"作为基础，这里稍加介绍。

苏州中学是省立中学，英语限于课堂教学，毫无口语的训练。他课堂英语学得不错,而且还注意到课堂外的自学,在高三期间,常将《高中英语选》上的一些文学作品译成中文。我记得一篇幽默文献《闺训》曾发表于杂志《逸经》,另有一篇剧作《月起》,则未发表。全面抗战初期学校图书馆被炸,他曾在断瓦残垣之间、灰烬之中拾得一本英语残书——《世界伟大的中篇小说集》,他就津津有味地阅读其中的一些篇章,这是他阅读英文书刊的开始。英文报纸和电影也成为他学习英语的辅助手段。后来他曾在许多国际会议上用流利的英语作报告并和外国学者交流。据我所知,他从来没有受过正规的英语口语训练,靠的是中学课堂教学的底子,以及后来的多看多用。至于其他外语,他的俄语受过专门训练,又在苏联住过几年;德语是大学里学的第二外语,可以顺利阅读书刊;法语是自学的,"文化大革命"后期还用一套唱片学法语会话。总的来说,他的外语素养是非常突出的,不仅能看狭义的科学文献,而且可以广泛阅读与科学有关联的著作,涉猎极广,如科学家的回忆录、传记、史料与评述等,使他广阅世面,眼界开阔,因而对科学的见解高超过人。另一方面,文化的滋润也给他坎坷的生涯中带来了慰藉和乐趣。记得在 1944 年他卧床不起,前途渺茫之际,他从阅读莎士比亚的《哈姆雷特》的原文中得到了安慰,他大段朗诵其中的诗句与独白,我至今仍忘不了他在重庆沙坪坝的斗室之中深有感触地用英语朗诵,"让受伤的鹿去哭泣哀号,无恙的野兔嬉闹耍玩:有的该守夜,有的该睡觉,——世道就是如此运转"。他从英文中读莎士比亚与吉朋,从俄文中读托尔斯泰,从德文中读茨威格,从法文中读波德莱尔,原汁原汤,当别有滋味。由此涤荡心胸,陶冶情操,开拓视野,使他在最艰难的岁月里,仍然屹然挺立。

谈到中文,他也根底良好。在中学里文言和白话都教,但以文言为主。他能用浅近的文言来写作。记得在"文化大革命"后期,无书可读,他就买了一套四史(《史记》《汉书》《后汉书》《三国志》)来消遣。很显然,他的语文素养也在日后的工作发挥了很好的作用。冯康的科学报告,乃至于讲课,均因语言生动精练、逻辑性强,深受听众欢迎。他的文章和讲义,也都反映了这一特点。

至于数学,不仅课堂学习成绩优异,他还参考原版的范氏大代数等国外教本进行学习和解题,应该说他中学数学功底非常扎实。还有值得一提的是,有一本科普著作对他产生了深远影响。在高三时期,他仔细阅读了朱言钧著的《数理丛谈》。朱言钧（朱公谨）是我国前辈数学家，曾在哥廷根大学留学，回国后在上海交通大学任教。这本书是通过学者和商人的对话来介绍什么是现代数学（其中也提到费马大定理、哥德巴赫猜想等问题），且有很强的感染力，这使冯康眼界大开，首次窥见了现代数学的神奇世界，深深为之入迷。据我观察，这也许是冯康献身数学、立志成为数学家的一个契机。当然，道路并不是笔直的。

宽广的专业基础

冯康的大学生涯一波三折，受到人们的关注。正如 Lax 教授所述，"冯康的早年教育为电机工程、物理学与数学，这一背景微妙地形成他后来的兴趣。"点出了相当关键的问题。作为应用数学家，工程和物理学的基础是至关重要的。冯康的经历可以说是培养应用数学家的最理想的方式，虽然这并不是有意识的选择与安排，而是在无意中碰上的。1938 年秋他随家迁至福建，有半年在家中自学，读的是萨本栋的《普通物理学》。1939 年春去僻处闽西北邵武的协和学院数理系就读。1939 年夏又考上了中央大学电机系。这可能和当时的时代潮流有关。电机工程被认为是最有用的，又是出路最好的。当时学子趋之若鹜，成为竞争最激烈最难考的系科。他也有青年好胜心，越是难考的，越想要试一试。另外，大哥冯焕（他是中央大学电机系毕业生）的影响也可能是一个因素。这样他就以第一名的成绩考入中央大学电机系。入学之后逐渐感觉到工科似乎还不够味，不能满足他在智力上的饥渴感。于是就想从工科转理科，目标定为物理系。由于提出的时间过迟，到二年级尚未转成，就造成并读两系的局面，同时修习电机系与物理系的主课。结果是负担奇重，对身体产生不利影响，此时脊椎结核已初见征兆。从有益方面来看，这样一来他的工科训练就比较齐备了。在三、四年级，他几乎将物理系和数学系的全部主要课程读完。在此过程中，他的兴趣又从物理转到数学上去了。值得注意的是，20 世纪 40 年代正当数学抽象化的高潮（以 Boubaki 学派为其代表），这股潮流也波及中国大学中有志数理科学的莘莘学子，他们存在不切实际的知识上的"势利眼"，理科高于工科，数学在理科中地位最高，而数学本身也是越抽象越好。冯康之由工科转理科，从物理转数学，而且在数学中倾向于纯粹数学，正是这种思潮的体现。他在学科上兜了一个圈子，对他以后向应用数学方向发展，确有极大的好处。试想当初如果直接进数学系，虽然也要必修一些物理课程，由于上述的心理障碍，必然收效甚微，物理如此，更何况工程了。当前拓宽大学专业的呼声又甚嚣尘上，冯康的事例对此可以给予一些启迪。

冯康大学读完不久，脊椎结核发病，由于无钱住院治疗，就卧病在家，1944年5月到1945年9月这是他一生中最困难的时期。在病床上他仍孜孜不倦地学习现代数学的经典著作，由我亲自经手向中央大学图书馆借阅施普林格出版社出版的"黄皮书"，数量不少，十几本，就我记忆所及，有 Hausdorff 的《集合论》、Artin 的《代数学》等，此外还有市面买得到的影印书，如 Weyl 的《经典群》、Pontryagin 的《拓扑群》等。冯康昼夜沉溺其中，乐此而不疲，使他忘却了切身的病痛和周围险恶的环境。这种数学上的 Liberal education，既进一步巩固基础，又和当代的新发展前沿衔接起来了，使他对现代数学的领悟又上了一个台阶。1946年夏，伤口居然奇迹般地愈合，他能站起来了，随后他到复旦大学任教，仍坚持不懈地自学。

一个数学家成长的道路

从1947—1957年这相当于同龄人的研究生和博士后的阶段。1947年初，冯康到清华大学任教之后，就不再是一个人的自学了，参与了数学的讨论班，先后受到陈省身、华罗庚等名家的教诲。1951年到苏联 Steklov 研究所进修，他的导师是世界知名的数学家 Pontryagin。受到这么多数学大师的亲自指点，确实是极其难得的机会。这段时期冯康也发表一些论文，如《最小几乎周期拓扑群》等，表明他具备进行数学研究的能力。留学苏联回来后，又将注意力集中在广义函数理论上，因为物理学家习用 δ 函数，电机工程师习用运算微积分，虽然行之有效，但缺乏巩固的数学基础。Schwartz 的分布论一出，就弥补了这一缺陷，广义函数论，应运而生。Schwartz 的工作得到冯康的赞赏，随即写出长篇综述文章，并开始在这一领域工作。到1957年，冯康已经是一个成熟的数学家。研究工作已牛刀小试，更加突出的是他对数学具有非凡的 taste，即眼光，或鉴赏能力。但应当承认，在纯粹数学中冯康尚未充分发挥其所长，成果尚不够丰富和突出，给人以厚积薄发的印象。

1957年由于工作需要，将他调去搞计算数学，进入这一全新的领域，对他来说，既是挑战又是机遇。这样一来，他的优势，深通物理和工程就能够充分发挥出来了，而纯粹数学的素养又使他有别于其他应用数学家。还有，这是一门全新的交叉科学，完全向能力开放，没有任何碍事的"权威"，像一张白纸，可以不受任何限制地画出最新最美的图画。虽然开拓新的领域，既需要过硬的工作能力，又需要具有高超的识别能力，这两者冯康都具备，终于使他成为"眼高手亦高"的大师。当然这需要艰辛的工作，不但自己要学习，还要练兵和带兵，训练出一支过硬的研究工作的队伍。

两次重大的科学突破

在科学上作出重大突破，往往是可遇而不可求的。眼光、能力和机遇，三者缺一不可。冯康在一生中实现了科学上的两次重大突破，是非常难能可贵的，值得大书一笔。一是 1964—1965 年独立地开创有限元方法并奠定其数学基础；二是在 1984 年以后创建的哈密尔顿系统的辛几何算法及其发展。当前科学上创新的问题成为议论的焦点，不妨以冯康这两次突破作为科学上创新的案例，特别值得强调的是，这两次突破都是在中国土地上由中国科学家发现的。对之进行认真的案例分析，尚有待于行家来进行。我只能围绕这一课题，谈些外行话。

值得注意，这两次突破之所以能实现，不仅是得力于冯康的数学造诣，还和他精通经典物理学和通晓工程技术密切相关。科学上的突破常具有跨学科的特征。另一点需要强调的是，在突破之前存在有长达数年的孕育期。压根厚积而发，急功近利的做法并不可取。开创有限元方法的契机来自国家的一项攻关任务，即刘家峡大坝设计中包括的计算问题。面对这样一个具体实际问题，冯康以敏锐的眼光发现了一个基础问题。他考虑到按常规来做，处理数学物理离散计算方法要分四步来进行：① 明确物理机制，② 写出数学表述，③ 采用离散模型，④ 设计算法。但对几何和物理条件复杂的问题，常规的方法不一定奏效。因而他考虑是否可以超出常规，并不先写下描述物理现象的微分方程，而是从物理上的守恒定律或变分原理出发，直接和恰当的离散模型联系起来。在过去 Euler、Rayleigh、Ritz、Polya 等大师曾经考虑过这种做法，但这些都是在电子计算机出现之前。结合电子计算机计算的特点，将变分原理和差分格式直接联系起来，就形成了有限元方法，它具有广泛的适应性，特别适合于处理几何物理条件复杂的工程计算问题。这一方法的实施始于 1964 年，解决了具体的实际问题。1965 年冯康发表了论文《基于变分原理的差分格式》，这篇论文是国际学术界承认我国独立发展有限元方法的主要依据。但是十分遗憾的是，对冯康这项重大贡献的评价姗姗来迟，而且不够充分。在 70 年代有限元方法重新从国外移植进来，有人公开在会议上大肆讥笑地说，"居然有这样的奇谈怪论，说有限元方法是中国人发明的"。会上冯康只得噤口无语，这个事实是冯康亲口告诉我的。后来国际交往逐渐多起来了，来访的法国数学家 Lions 和美国数学家 Lax 都异口同声地承认冯康独立于国外发展有限元方法的功绩，坚冰总算打破了。但这项工作仅获得 1982 年国家自然科学奖二等奖。冯康得悉这一消息后非常难过，这是可以理解的，因为他对科学成果的估价具有敏锐的眼光，曾打算将申请撤回，由于种种原因而未果。

"文化大革命"以后，他虽然继续在和有限元有关的领域进行工作，也不乏出色的成果，例如间断有限元与边界归化方法等，但他也在开始搜寻探索下一次突破的关口。他关注并进行了解处在数学与物理边界区域中的新动向，阅读了大量文献资料。有两篇介绍性的综述文章可以作为这一搜索过程的见证：《现代数理科学中的一些非线性问题》与《数学物理中的反问题》。"文化大革命"后期一直到 80 年代中期他经常和我谈论这方面的问题；诸如 Thom 的突变论、Prigogine 的耗散结构、孤立子、Radon 变换等。这种搜索过程，有点像老鹰在天空中盘旋，搜索目标，也可以比拟为"独上高楼，望尽天涯路"。70 年代 Arnold 的《经典力学的数学方法》问世，阐述了哈密尔顿方程的辛几何结构，给他很大的启发，使他找到了突破口。他在计算数学中的长期实践，使他深深领悟到同一物理定律的不同的数学表述，尽管在物理上是等价的，但在计算上是不等价的（他的学生称之为冯氏大定理），这样经典力学的牛顿方程、拉格朗日方程和哈密尔顿方程，在计算上表现出不同的格局，由于哈密尔顿方程具有辛几何结构，他敏锐地察觉到如果在算法中能够保持辛几何的对称性，将可避免人为耗散性这类算法的缺陷，成为具有高保真性的算法。这样他就开拓了处理哈密尔顿系统计算问题的康庄大道，他戏称为哈密尔顿大道（the Hamiltonian way），在天体力学的轨道计算、粒子加速器中的轨道计算和分子动力学计算中得到广泛的应用。这项成果在 1991 年国家自然科学奖评议中被评为国家自然科学奖二等奖。冯康获悉后撤回申请。直到 1997 年底，在冯康去世四年之后，终于追授国家自然科学奖一等奖。

我在此提到冯康的成果评奖问题，并不是要非难评奖的机构或评委，而是强调对创新成果进行正确评价是一件极其困难的事情。我个人也多次参与国家自然科学奖的评议工作，也深深体会到评议者的难处。值得注意的是，即使是享有盛誉的诺贝尔奖，也遭受许多人的议论。而时间也是一个重要因素，经过时间的淘洗，问题就看得清楚了；昔日曾获高奖的项目，今天看来，有些尚保留其价值，有些已有明日黄花之感。"岁寒，然后而知松柏之后凋也"，信然。

一个大写的人

最后，我想将主题从科学转到人。冯康是一位杰出的科学家，也是一个大写的人。他的科学事业和他的人品密切相关。一个人的品格可以从不同侧面来呈现：在他的学生眼里，他是循循善诱，不畏艰辛带领他们攀登科学高峰的好导师；在他同事眼中，他是具有战略眼光同时能够实战的优秀学科带头人。熟悉他的人都知道，他工作起来废寝忘食，他卧室的灯光经常通宵不熄，是一心扑在科学研究上的人。在 Lax 教授眼中，他是"悍然独立，毫无畏怯，刚正不阿"的人。这个评语深获吾心，谈到了冯康人品中最本质的问题。我想引申为"独立之精神，自由之思想"（这是陈寅恪对王国维的评语）。和他近七十年的相处中，正是这一点给我的印象最深。他不是唯唯诺诺，人云亦云，随波逐流之辈。对许多事情他都有自己的看法和见解，有许多是不同于流俗的。在关键的问题上，凛然有"三军可以夺帅，匹夫不可夺志"的气概。从科学工作到做人，都贯彻了这种精神。下面随便举几个例子来阐述这一点。

冯康亲身受教于三位世界级的数学大师：陈省身、华罗庚和 Pontryagin。他们的风格和领域迥然不同。三人都有极其宽广的研究领域，只要从中选择一个角落从事研究的话，就能作出很出色的工作，成为优秀的数学家。冯康除了早期拓扑群的工作显示了 Pontryagin 的影响外，在他成熟时期的重要工作都是独来独往，完全是他自己独立发展起来的，真正体现了"独立之精神，自由之思想"。

疾恶如仇是冯康一贯的基本品格。他很早就接触到 Pontryagin 的工作，后来知道此人是全盲之人，更是充满景仰之情。到苏联之后拜之为师，体现了一种英雄崇拜的心情。关系一直不错，回国后冯康还译其著作为中文。在 80 年代初 Pontryagin 曾卷入苏联数学界反犹太人的风波，为人诟病，也导致冯康的不满。这充分体现了"我爱我师，更爱真理"这种大公无私的高贵品格。

在 80 年代中关于我国电子计算机事业如何发展引起了科学界的关注，曾经就此展开了多次讨论。冯康总是旗帜鲜明地提出自己的观点。他认为微机问世之后，计算机发展的形势大变，未来肯定是微机的天下。我国应该看到这一发展趋势，及时采取适当的措施，集中力量重点来发展微机。这种得风气之先的观点，经过历史的检验，被证明是正确无误的了，也已成为大家共识。但当时他还为此得罪了很多人。这类的事例还很多，但无须一一列举了。

值此纪念冯康逝世五周年，诞生 78 周年之际①，我认为特别值得宣扬和表彰的就在于冯康一生所体现的"独立之精神，自由之思想"。现在大家都在谈论科学创新的问题。科学创新需要人才来实现，是唯唯诺诺，人云亦云之人呢？还是具有"独立之精神，自由之思想"之人呢？结论是肯定的。科学创新要有浓厚的学术气氛，是"一言堂"，还是"群言堂"，能否容许"独立之精神，自由之思想"发扬光大又成为关键的问题。冯康离开人间已五年了，他的科学遗产为青年一代科学家所继承和发展，他的精神和思想仍然引起人们关注、思考和共鸣。他还活在人们的心中！

---

① 本文写于 1998 年，发表于 1999 年。

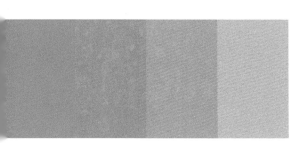

昔 日 同 事

与冯先生在一起的日子

石钟慈

第一次见面

1955 年 8 月，我在大学毕业后，便前往中国科学院数学研究所报到，当时数学所所长为华罗庚教授。正是在数学所，我第一次见到了冯康先生。当时他还是助理研究员，正在研究广义函数。在此之前的几年中，他在苏联进修，但因患脊椎结核，而提早回国。虽然结核得以治愈，却留下了驼背的后遗症。不过冯先生依旧朝气蓬勃，动作敏捷，反应迅速，乒乓球打得特别好。他很喜欢古典音乐，有很高的修养，经常邀请我们去他家欣赏唱片。后来，冯先生得知我将被派往苏联学习，非常高兴，一有机会便向我介绍苏联的方方面面，使我在留学之前便具有较充分的思想准备。

第二次握手

分别四年后，我于 1960 年从苏联返回北京。再见到冯先生的时候，他已任职于中国科学院计算技术研究所。原来华罗庚教授十分赏识冯先生的学术水平和青春活力，特别派遣他前往 1958 年新成立的中国科学院计算技术研究所，领导第三研究室，专职从事计算数学工作。正如众所周知，我国的第一台计算机于 1958 年问世，而这是在继 1946 年美国、1953 年苏联之后，全世界所建成的第三台计算机。冯先生非常高兴我加盟他的科室，而我更感到十分幸运，得以在他的直接领导下开始新的旅程。

来到计算技术研究所之后不久，冯先生便找我商量，是否愿意去中国科学院新筹建的中国科技大学任教。我的回答自然是：好的，十分愿意。虽然对于当时仅二十多岁的我而言，还真不知道此任务有多大意义。如今来看，这个遣派，很大程度体现了冯先生的胸怀和眼光。他很清楚，出产学术论文虽然重要，但培养新兴学科的人才更应放在首位。尤其中国科学院和中国科学技术大学的关系是：全院办学，所系结合。时任中国科学院院长的郭沫若先生也兼任中国科技大学校长。华罗庚教授担任中国科学院数学所所长，同时也为中国科学技术大学数学系主任。

中国科学技术大学成立于 1958 年，担负着特殊的历史使命，即为两弹一星培养人才。作为中国科学技术大学计算数学教研室负责人的冯先生，面临着新领域人才培养的时代任务。在 20 世纪 50—60 年代，计算数学专业每年需要招收大学新生；而其他数学专业，如拓扑、泛函分析等，均隔一年以上轮流招生。直至 1966 年"文化大革命"之前，中国科学技术大学已培养了四届本科生。在学校创建初期，华罗庚先生、吴文俊先生、关肇直先生（俗称三条龙）均亲自出马，讲授大学基础课，并使用自己编辑的讲义。中国科学技术大学的学生因此学业基础坚实，直至今日都有目共睹。冯先生希望我去中国科学技术大学讲课，把在苏联学到的知识传授给祖国的新一代。在中国科学技术大学那些年，我们在冯先生的指导下，编写课程所需的教学资料。

第三次春风

在"文化大革命"十年期间，我们与冯先生失去了联系。尤其自从随同中国科学技术大学于 1970 年初迁往合肥后，便再也得不到有关冯先生的消息，大家均十分挂念。1978 年春季，一则喜讯突然降临，中国科学技术大学的师生得知有一批自中国科学院的高级研究人员来访合肥校区，冯先生也在其中。大家都特别欢欣鼓舞。他们传递了许多振奋人心的消息，例如大学将恢复正常教学秩序，基础学科将大力加强，职称评审制度将被恢复等。当时他们作为评审组成员，在中国科学技术大学校内评审提升了三位正教授及几位副教授。自从此行之后，我们与冯先生的联络愈加频繁。他正在国内的计算数学领域，踏实耕耘，向前迈进。

1978 年，经过老一辈数学家，包括清华大学副校长赵访熊教授、周毓麟先生及冯先生等积极筹备，中国计算数学学会正式成立，并成功注册。在当年，此类学术性群众团体，国内数学界也仅有中国数学会一家，早在第二次世界大战前的 1935 年成立。计算数学学会的建立，意味着这个行业的学者们有了一个自己的学术组织，便于交流。在此期间，学会开始不定期地组织活动，持续发展，并逐渐演变为现在大家所熟悉的每隔两年举办一次的全国计算数学年会。40 多年以来，计算数学年会参与者数量稳步增长，近年来每次年会的参与者已超过 1300 人。

计算数学学会成立之后，冯先生马上筹备计算数学刊物的出版。他雷厉风行，说干就干。不久《计算数学（中文版）》《计算数学（英文版）》《数值计算与计算机应用（通俗）》三本刊物便问世。他亲自担任这三本刊物的主编。在20 世纪 80 年代的中国，英文刊物仍十分罕见。此外，冯先生提议并负责筹办出版了一套"计算数学丛书"，并作为首任主编。丛书出版延续至今，内容深入浅出，获得专家及大众的广泛欢迎。

1980 年国务院学位委员会成立，根据其要求，全国高等院校每位博士生导师的任命，均必须由学位委员会讨论通过。这项规定一直延续至 1995 年。冯先生一直积极争取为计算数学领域获得更多发言权。经过不懈的努力，最初有三位计算数学专家，包括冯先生、西安交通大学游兆永教授，以及我本人入选为国务院学位委员会学科评审组成员。

20 世纪 80 年代初，冯先生已在考虑加速全国计算数学的发展。此时，他也开始了新的科研方向，即辛几何领域的研究。他在合肥、蚌埠、厦门等地演讲，举办小型讨论会，进行学科介绍等工作。

自从 20 世纪 60 年代，随着计算机、激光技术等领域的迅速发展，在"文化大革命"后复苏的中华大地，乘着改革开放的东风，大量的年轻人有了更多出国进修的可能。虽然我已年近中年，冯先生仍极力鼓励我继续争取国外深造的机会，于是我大胆申请了联邦德国的洪堡基金。在冯先生、华罗庚先生和关肇直先生的推荐下，我获得了德国访问学者基金。在欧洲从事近两年半的学习及工作后，我重返中国科学院，并向冯先生详细汇报了成果，令冯先生十分满意。

重回冯先生身边

1986 年下半年，突然传来大好喜讯：中国科学院干部局发来通知，我将被调回北京工作，并暂时继续兼任中国科学技术大学数学系主任和计算中心主任的工作。我马不停蹄地奔赴北京，感到特别激动与鼓舞！终于又回家了，回到了 1955 年大学毕业及 1960 年从苏联回国时两次报到之地。

　　回到北京，我在第一时间又见到冯先生时，他两手紧握着我的手，非常兴奋地说："回来了！"接着便向我介绍中国科学院计算中心的概况。中心成立于"文化大革命"后期，当时 500 多位工作人员，从事计算设备、软件以及计算数学基础研究，分为三个部门。当时中国科学院经费困难，号召下海。因此中心一部分人下海经商，经营公司。然而另一部分未下海，包括计算数学基础研究部门的人员，情绪常处于波动不安中。冯先生十分担心这种局面终将影响数学研究，便和我商量解决办法。根据我们的设想，计算数学基础研究部门应另外划分，成立独立的计算数学所，由中科院发放工资，这样可使这方面的工作人员获得基本保障，从而继续集中精力，从事学术研究。这个想法和建议终于在 1994 年得以实现，也造就了现今的中国科学院计算数学与科学工程计算研究所的前身。遗憾的是，冯先生却没等到这一天。1999 年，与数学相关的中国科学院四个所合并，成立了如今的"中国科学院数学与系统科学研究院"。

图 1　冯康先生与石钟慈院士和崔俊芝院士合影

　　冯先生坚信，计算数学大有作为，他热爱每个方向，从不有所偏好。早先他的研究方向主要为有限元，他认为有限元理论完善，并且应用广泛，深受工程等各行各业的欢迎。他也喜欢流体力学、数值代数、孤粒子等领域。他尊重每个研究方向及每个研究人员。他反复强调，数学基础要扎实，理论要付诸实践，解决实际问题，这才是计算数学的美。作为计算数学界的领导人，有这样宽广的心胸，必然促进这个团体的和谐、愉快、平等。他也绝不偏袒自己的学生，因此至今大多数人仍旧不知他的学生都有谁。正如他的学生王烈衡教授所说，计算中心就是冯先生的家。

在 80 年代，构想建设向全国开放的实验室，是一项很大的工程。以冯先生为首的计算数学学科成功申请到世界银行贷款项目，得以组建在国内数学领域的第一个国家开放实验室。大家都特别高兴，积极投入建设机房、购买设备、外出培训和进修，做好各种准备。具体主持构建工作的为回国不久的计算中心副主任桂文庄博士。1991 年，开放实验室正式落成。冯先生十分高兴，终于可以做更多更大的事了。冯先生担任第一届开放实验室学术委员会主任，并委托我担任开放实验室的主任。不久，便迎来了全国各地相关学者，远至新疆大学的老师都积极申请前来工作。

"八五"期间，为加强基础研究，国家攀登计划开始实施，其中包含了数十项具有全局性及带动性的重要项目。1991 年，在冯先生主持下，经过多次讨论和筹划，计算科学项目成功入选第一期攀登计划。初始的项目成员包括曾庆存院士、周毓麟院士等，并另外聘请来自全国各地，与计算数学相关的多个领域的 40 多位学者参与。这个队伍的建成标志着计算数学工作者在中国已经进入有组织、有目标的学术活动。作为冯老，他终于不再是孤独一身的研究者了。更重要的是，承担此类重大项目意味着，计算数学不仅作为基础数学的研究科目，也正快速并广泛地介入各类科技应用，具有广阔的发展前途。

1991 年初始队伍的成立，以及 1996 年第二期攀登项目的继续，均为计算数学所获得后来三届国家"973"项目的支持，打下坚实基础。对于首届攀登项目的任命，大家一致推举冯先生为首席专家，周毓麟先生担任学术委员会主任。

冯先生很早便意识到中国科学要与世界接轨。 1982 年 4 月，中国科学院计算中心与法国国家及信息自动化研究所在北京联合举办了有限元方法讨论会，成为计算数学界在中国举行的第一个小型国际学术研讨会。会议由冯先生与法国国家科学院院士利翁斯共同主持，为期五天，有中、法、德、意、日、美等国 52 位计算数学专家参加，宣读 44 篇论文。当时的我仍在德国进修，很遗憾无法加入这个重要的行业会议。但在德国大学任教的，我的主要指导教授得以应邀参会。他很高兴地告诉我，计算数学界的国际同行们对于改革开放初期的中国社会、学术、教育等各个方面，都十分好奇和很有兴趣。

1991 年在冯先生建议下，中国科学院计算中心筹办了第一届中日学术研讨会。来自全国各地的 15 位学者和日本的 15 位同行第一次在北京相聚。会议事务由计算中心秘书陈葵章和张时珍主管，活动安排得井井有条，简约得体，冯先生及客人十分满意；这也为今后的中外会议打下了基础。中日双方决定，学术研讨会议将每隔两年，轮流在两国举行。这个传统已延续至今。

图 2　冯康先生、石钟慈院士、汪道柳教授和秦梦兆研究员

自从 20 世纪 80 年代，冯先生便倡议出版英文版本的计算数学专业期刊。虽然当时的绝大多数人们对于英文还挺陌生，但他坚信中国的计算数学会走向世界。在他的主持下，《计算数学（英文版）》期刊越办越好，获得广泛认可，早已成为计算数学出版界的知名期刊，也是国际数学界的优秀刊物。

早在国家鼓励留学生回国服务之前，冯先生已经感悟到这是一笔有用的国家财富。1993 年夏天，他邀请了 80 年代出国的留学生到北京香山宾馆开会并交流，鼓励他们为祖国学术建设作出更多贡献。

盛夏夜的离别

　　然而也正是在这个繁忙的夏季，一个炎热的夜晚里，冯先生突然昏倒在家中。住在附近的我，急忙将他送到北京大学第三医院的急诊室，祈求着、盼望着他老人家能再醒过来。时间一天天过去，却不见好转。两周后，冯老先生离开了我们。他走了，走得如此匆忙，抛下了热爱的事业和同仁们。他太劳累了！从我的家中，可远远望见冯先生的书房，即便在深夜，那里的灯总是明亮，直至清晨 5 点左右才熄灭。有的时候，晚间 9 点后，冯先生还会散步来到我家中，与我交谈一会儿，喝了两杯咖啡后，他才离开，回到自己的工作室，又劳碌一宿。虽已年过六十，冯先生仍旧和年轻时一样，脚踏实地，努力耕耘，不断探索更新的研究方向。

永远的怀念

　　初识 38 年后的仲夏八月，我告别了尊敬的师友。多么舍不得啊，冯先生，计算数学界失去了您，我们的好导师，引路人；我失去了一位好长辈，好师长。为了纪念冯先生对计算数学事业的贡献，1994 年中国科学院计算所决定设立冯康科学计算奖，以奖励海内外中青年学者在科学计算领域的突出成就，并于 1995 年首次颁奖。敬爱的冯先生功垂青史，千古不朽！

不断创新，永不止步

林　群

冯康先生 20 世纪 50 年代自苏联回国后，来到数学研究所泛函分析研究室工作，领导泛函分析讨论班，自然也就成了我的老师。

在纪念他百年诞辰时，我百感交集。

但我仅聚焦在创新这点上，因为这是他最突出的特征。

首先，他在偏微分方程的有限元方法上取得的成就已载入历史。

在"数学名著译丛"《普林斯顿数学指南》第二卷的 490 页有一份名单，试图确认数值分析史上最值得注意的算法上的发展，举出了早期的关键人物。在偏微分方程的有限元方法中，只举出 4 个人，2 位数学家和 2 位工程师，数学家就是柯朗和冯康。科学工作中能有一项成就被列入历史，就已经非常了不起了，但冯康先生却把自己已闯出的路留给别人去走，自己则又涉足其他领域，如无限元、边界元、孤立子以及辛算法。先后获国家自然科学奖二等奖以及一等奖。

别的我就不在这多写了，这点已经足够说明为什么他这么令人尊敬，这也是为什么在数学院大楼的墙上挂出的 5 位杰出数学家的相片，其中之一就是冯康先生。

回忆冯康院士

——中国计算数学和科学与工程计算事业的领路人

崔俊芝

在冯康院士百年华诞之际，回忆往事，思绪万千，特以下文表示我深深的怀念之情。

1962 年 10 月，我来到中国科学院计算技术研究所，入职于三室二组，开始了计算数学及其应用研究的职业生涯。刚入职时，二组包括水坝、建筑、运筹与函数逼近四个研究方向，1963 年，运筹与函数逼近两个方向分开，成立三室六组。二组保留水坝和建筑计算两个方向，承担水坝、建筑、桥梁、飞机、机械等方面的结构计算任务，分两个研究组——水坝和建筑，组长是魏道政[①]，副组长是林宗楷，学术指导是董铁宝教授[②]。我被分配在水坝组，组长是蔡中熊，还有几位同事。在理论组成立之前，黄鸿慈、石钟慈和原二组人员在同一个办公室。我早期的研究工作就是在他们的指导和帮助下完成的。

回忆往事，我最大的幸运是：在"而立"之年遇上了多位德高望重的前辈，进入"不惑"之年他们成为我的恩师益友。他们的帮助，让我终生难忘，其中相处和交往最多者莫过于冯康院士。

回忆历史，计算所三室，乃至计算中心三部的所有成就都与三个人——徐献瑜、张克明和冯康密切相关，他们既是计算所三室的领导人，也是中国计算数学重大活动的策划者和领导者，冯康则是我国计算数学及其应用学科的奠基者、开拓者和领路人。在与冯先生相处的三十余年间，受惠于他的指导和帮助的事，难以一一言表。下面，仅以"中国计算数学和科学与工程计算事业的领路人"为题，回忆如下。

---

① 魏道政，1929 年生，1953 年于复旦大学提前一年毕业到数学所，跟随华罗庚研究数论，1957 年到计算所直至退休，其间曾任中国科学院成都计算机应用所所长，2019 年获中国计算机学会终身成就奖。
② 董铁宝，1917 年生，1939 年上海交通大学土木工程专业毕业，1949 年获伊利诺伊大学博士学位，1956 年回国任北京大学教授，致力于工程力学和计算数学研究，参与过第一代电子计算机（ENIAC）的设计、编程和使用，1968 年 10 月 18 日逝世。

一、1962—1971 年

在中国计算数学发展的历程中，冯先生总是高瞻远瞩，以前瞻性的学术报告，引领着计算数学及其应用研究的发展。让我印象最深刻的是：在 1962 年底和 1963 年春，冯先生以龙贝格积分和变分格式为题分别作过两个报告，那是我第一次聆听到精彩的学术报告。前者讲的是如何以同样的积分点数，获取最高精度的计算结果和收敛性；后者是从介绍 W. Prager, J. L. Synge 和 R. Courant 的论文开始，讲述如何构造更合理的差分格式，实际是在播种有限元方法的种子。冯先生的报告，至今我仍然印象深刻，不仅使我了解了计算数学的发展动态，增长了知识，更重要的是为未来有限元方法的研究奠定了基础。冯先生的报告由浅入深，不仅讲模型、推理和结论；更讲学术思想、出发点、目标和前景；既传授科学前沿知识，又传递学术思想和研究路线；前者应深入掌握会用，后者须活学活用。

冯先生的报告拉开了计算所三室"系统研究"的序幕，促成了三室计算数学及其应用研究的系统化，学术报告系列化。以水坝计算组为例，从 1963 年起，在魏道政和林宗楷带领下，针对大坝的复杂应力分析问题，开始了系统研究。除以变分法、积分守恒法和去掉坝体基础三条学术路线分派专人开展研究外，还以 J. L. Synge 的论文和《偏微分方程的有限差分方法》（福雪斯、瓦萨著）的有关章节为主线组织了研讨班，除二组成员外，还有黄鸿慈、周天孝、楼金虎、李子才、易成贵（成都分院）、杜瑞明（哈尔滨工程力学所）等。我们的研究进展，除接受董先生指导外，还由组长定期向张克明和冯先生汇报。如此的系统研究模式，直到 1966 年"文化大革命"爆发。

1963 年初，在魏道政领导下，我承担了基于拉梅方程的积分守恒型离散格式的应力分析方法研究，不同于其他人，我同时承担着北京水电规划设计院刘家峡设计组委托的大坝应力分析的计算任务，以任务带学科形式开展系统研究。下面，简述其研究模式。

原本只是为刘家峡设计组采用的拱-冠梁试荷载方法求解线性代数方程组，但是费尽九牛二虎之力，总算不出理想的结果；经反复验算和分析，发现是方程系数矩阵近乎奇异，故试荷载方法被放弃。接着，在蔡中熊帮助下，尝试利用黄鸿慈研发的应力函数法程序解决刘家峡大坝的应力分析问题，又因为应力是应力函数的二阶导数，计算应力时精度损失过大，难以计算出设计者满意的应力场。无奈之下，1963 年秋转向利用拉梅方程守恒格式进行大坝应力分析的研究。首先推导出基于矩形和三角形组合网格的积分守恒型离散格式；关于求解算法，为了在每秒不足一万次运算速度且仅有 2048 个单元的 104 机上，求解超过 1000 个未知数的离散方程，比较了多种解法之后，只能采用边计算系数、边迭代的超松弛方法；在魏学玲（魏道政指导的中国科学技术大学 64 级毕业生，魏因病住院后，由我接替指导）的协助下，编制了程序。当时的计算机没有操作系统、编译系统、数据管理和进程管理等系统软件，所有的程序，包括输入数据和打印结果，都要由我们用机器指令，一个操作接一个操作地编写出来，其复杂度可想而知。就这样，于 1964 年春节前算出第一批结果。为了验证离散格式、求解算法和程序的正确性，我和史毓风合作利用拉普拉斯变换，推导了在分段面力作用下半无限体内应力的精确解。在验证了格式、解法和程序的正确性之后，很快为刘家峡大坝计算出一个方案的应力场，经刘家峡设计组副组长朱昭钧及其同事验算，应力基本平衡，比较满意。但是，在坝踵和坝趾附近误差仍然较大。为了改善应力场的精度，我和王荙贤，当时他在研究变分差分格式，一起分析了基于势能原理的变分格式和基于拉梅方程的积分守恒格式所导出的离散化方程，发现在规则的三角形网格上两者一致，而在矩形网格上由于采用的分片插值方法不同，故其离散化方程差异较大；如果采用相同的分片插值，其离散化方程一致。基于此，我改进了积分守恒型的离散格式——形成了有限元离散化方程；并进一步扩充了求解算法，除超松弛迭代外，增加了切比雪夫迭代，重编了计算程序——形成了第一个平面弹性问题有限元方法程序，顺利地计算出令设计者满意的应力场。紧接着为刘家峡设计组计算了多种工况作用下的应力场，于 1964 年"五一"劳动节之前圆满地完成了刘家峡大坝的计算任务。"五一"之后，由张主任和冯先生主持召集了刘家峡计算任务汇报会，朱昭钧及其同事，黄鸿慈及二组部分同事参加了会议（302 室），我汇报了计算任务完成的情况，包括离散化方程、求解算法、典型算例（理论与计算结果的比较）和刘家峡大坝多种工况作用下的应力结果。会上，朱昭钧工程师对计算任务完成情况给予了很好的评价，张主任、冯先生等都给予了赞誉，并询问了计算结果的作用和意义等诸多问题。

接着，1964 年夏和 1965 年秋，随着 119 机和 109-乙机研制成功，我和赵静芳、王荙贤合作，分别重编了平面弹性问题有限元方法程序（119 机版）和

（109-乙机版），并完成了盐锅峡、龚嘴大坝，以及多种剪力墙结构（中国建材研究院）的计算任务。在完成上述任务的基础上，为迎接 1965 年 5 月的计算数学会议，受组长指示，由我和王荩贤执笔于 1964 年 10 月完成一篇论文，题目是《求解平面弹性问题的位移方法》，包括离散化方程、求解算法、计算技巧、验证性算例和大坝应力分析结果等。1964 年底，受领导指示，要求黄鸿慈（他的会议论文）和我们论文合并，由黄鸿慈和我合作改写成一篇论文，题目改成《按位移解平面弹性问题的差分方法》，在黄鸿慈参加"四清"后，全文由我修改后定稿、发表。对于合成一篇论文的原因我从未过问。

1966 年 10 月刘家峡工程成功截流，新华社和人民日报以"文化大革命的伟大成果"发了号外，计算所收到了以"中共中央、国务院、中央军委和中央'文革'小组"的名义发来的明码电报，对计算所为刘家峡工程所作出的贡献表示祝贺，经查证电报交给了我。

自那之后，在大多数同志全力投身于轰轰烈烈"文化大革命"群众运动期间，我被不同时期的领导——计算所领导、军代表、工宣队和革委会，赋予了较多的"抓革命，促生产"机会。下面，简述两个例子。

- 1966 年冬，让我最早参加了正在研制的"109-丙机"的联调试算，利用这个机会我全面地阅读了有限元方法及其工程应用的文献，在确认基于势能原理的变分格式和基于虚功原理（弱型）的有限元方法在数学上的同源性和收敛性的基础上，系统地整理了有限元方法的杆、梁、板、壳、体（二、三维）的单元形态和算法，开发了具有多种单元形态、复杂材料和构件组合的，功能较为齐全的"弹性平面问题通用有限元程序（109-丙机版）"，以及简单的"三维有限元程序"，由于 109-丙计算机仍然没有操作系统、数据管理等系统软件，故所有程序均是基于指令系统编制。利用这些程序相继完成了风滩空腹坝、石泉大坝、三门峡工程改造等诸多重大工程的计算任务。

- 1969 年春爆发了珍宝岛事件，中苏关系极度紧张，全国进入"进山、隐蔽、分散"的备战状态。为保证战时通信畅通，当年 10 月 19 日周总理和中央"文革"小组下达了"天线小型化全国会战"任务，即"1019 任务"。该任务在中国科学院由物理所抓总，分理论和实验两个组，理论组由郝柏林和蒲富恪院士牵头，主要涉及亥姆霍兹方程和麦克斯韦方程、积分方程及第二类弱积分方程及其解的行为分析，前者由郝柏林负责，后者由蒲富恪负责。计算所派我和凌连生、刘唐三人参加理论组，实际由我抓总，主要承担计算格式、数值解法、编程与计算。为了完成这项任务，我阅读了《高等物理学》和波波夫的《电磁学》的相关章节，发现困难不小。怎么克服这些困难，谁能帮我们解决这些问题，查遍三室所有人员，除冯先生外找不到有类似知识结构的人选。当时，冯先生正因多种"特务"嫌疑而被隔离审查。为了完成无产阶级司令部交给的神圣任务，我冒着政治风险向军代表和工宣队建言，让冯先生协助做些理论工作。很幸运，开明的军代表和工宣队领导同意了我的建议，附加条件是：一、不能影响冯交代"特务"罪行；二、冯只做理论推导，且必须在严格控制之下，工作方式限制在崔-冯之间。实际工作范式是：根据研究工作进展，我每天早上八点向冯先生布置"作业"；冯先生下午六点交"作业"，我检查后根据计划进度确定第二天的"作业"。一般而言，我总是把"作业"写在纸上，我们的作业纸多是用过的打印纸（用其反面），布置和交"作业"时会有简短的交流，我们之间的称呼一律是"你"或"我"。这种工作方式持续了相当长的时间，两个月左右。冯先生非常认真地完成了每次"作业"，有效地保证了小天线计算任务的顺利进行。冯先生参加小天线计算任务的主要工作内容是：核查麦克斯韦方程的差分格式和确认远场边界条件；分析亥姆霍兹方程及相应弱积分方程的性质；核对亥姆霍兹方程的差分格式和确认远场边界条件等。"文化大革命"结束之后，冯先生对我谈起这段经历时说，这是他在最不幸的年代里（1966—1971），度过的最为充实的一段时光。关于冯先生参与"1019任务"的事，我从未对任何人，包括"1019任务"成员谈过，这并非是保密，而是不知道冯先生愿不愿意。直到2007年郝柏林院士和我回忆"1019任务"时才首次公开，这里面包含着冯先生的贡献，是一段有意义的经历。

二、1971—1978年

自1970年4月"东方红"卫星上天之后，轰轰烈烈的群众运动的场面逐渐降温，"促生产"的活动日趋显现，要我承担的有限元计算任务也明显增多，除了风滩空腹坝、石泉大坝等任务外，601所的机翼结构强度计算也要求我参加。就在这时，《数学实践与认识》创刊（1971年），希望刊登先进、实用、有效的数学方法，经张克明推荐，编辑部的朱先生找到了我，要我写一篇文章，学术上不要太深，容易看懂，越快越好。于是，我便把 1968 年阅读有限元方法文献后所写的一篇综述——关于"平面应力分析的变分法与有限元方法"进行整理，请刘福森同志（风滩大坝工程局的合作者）把"风滩空腹坝"应力分析结果整理出来作为算例，形成一篇论文，由我和刘福森共同署名，发表于《数学实践与认识》1972 年第二期。"有限元方法"的中文译名就是从这篇文章开始的。由于"文化大革命"期间多数期刊停止出版，所以该文发表后很快就收到多封信函和来访，与此同时，杨真荣同志也因采用有限元方法计算大坝动力问题而受到诸多来访。受来访者的启发，杨真荣和我萌生了举办"有限元方法"讲习班的想法，经研究室同意，决定（1972 年冬）举办一次"有限元方法"讲习班。原先决定由我和杨真荣主讲，分别讲静力和动力问题有限元方法，我为此写了"平面弹性问题有限元方法"和"三维弹性问题有限元方法"（仅前者印成讲义散发，后者另文发表）。随着要求参加讲习班的人数增多，为全面介绍有限元方法，研究室决定由冯先生作为第一主讲人，从一般椭圆型问题出发讲述有限元方法。讲习班分三个专题，由冯先生、我和杨真荣分别主讲。那次讲习班办得十分成功，近 300 人参加，不乏知名学者，影响很大，这对促进有限元方法在中国的推广和应用起了较大作用。冯先生的讲稿经过整理，以《有限元方法》为题发表在《数学实践与认识》上。随后，我们在清华大学进行了专题讲座。

1972 年 2 月尼克松访华之后，中美关系明显改善，相继有多批美国学者访华，他们都希望了解中国的高科技发展及其应用状况，中国科学院计算所是他们参访的单位之一，而计算机及其应用状况则是外宾参访的主要内容。1972—1978 年间，我作为计算所的接待人员之一，接待过包括第一批美国高级学者访华团在内的多批美-欧学者，其中知名和熟悉的学者有王浩、陈省身、林家翘、林同炎、冯元桢、J. L. Lions，R. W. Clough 等等。每次接待前后，都要开准备会和报告会，这使我接触到不少不相识的国内外知名学者。为做好接待准备，每次接待之前，我都会去图书馆，包括北京图书馆在内，查阅来宾的信息和收集相关资料。

大约 1971 年，冯先生逐步恢复正常工作，他很快便进入争分夺秒、夜以继日的工作状态，整天待在图书馆或办公室，我们经常在图书馆（包括中科院、计算所和数学所图书馆）相遇，他不仅阅读计算数学文献，更以宽广的视野和深厚的数学-物理基础涉足现代数学的诸多领域。1972—1978 年，除了"有限元方法"外，他先后围绕着"边界元方法""孤立子、混沌和突变""变分不等式""弹性组合结构""地球物理勘探和反问题""辛几何算法"等计算数学和应用数学的前瞻性主题，相继在多个场合作过多场学术报告，指出了计算数学和应用数学发展的新方向。事实上，这些报告的主题部分地成为他的研究团队日后多年的研究领域，在"自然边界归化和自然边界元方法""哈密尔顿方程与辛几何算法"等方面，取得了举世瞩目的原创性成果；还引领数以千计的学者，投入上述领域，为计算数学和应用数学的发展作出了贡献。直到今天，仍有许多学者在上述领域辛勤耕耘，开创新天地。

值得我永远记忆的是，1973 年我正在围绕龚嘴大坝带纵缝运行和运行中加固的多体接触问题，开展"有初始间隙、带摩擦弹性接触问题分析方法"研究，《数学评论》将其列为尚未解决的数学力学难题，我和冯先生在图书馆里进行过多次讨论，他最早发现（大约 1973 年初在中科院图书馆）了 G. Duvaut 和 J. L. Lions 合著的《物理和力学中的变分不等式》（法文版），由他借出来给我参考。对于冯先生的帮助，我感激不尽。当时，郭仲衡院士（1933—1993，北京大学，应用数学和固体力学家）正在研究柴油发动机活塞接触问题，对此问题也颇有兴趣。

三、1978—1986 年

十一届三中全会拉开了改革开放的序幕，迎来了科学的春天，1978—1986 年，冯先生是双肩挑的专家型领导；一肩挑着他的边界元方法和辛几何算法的原创性研究和繁重的出国讲学，另一肩挑着计算中心主任的科研管理重任。由于计算中心是刚组建起来的，五百多的科研和行政管理人员来自不同单位，处在磨合期；三个研究部的科研性质差异很大，口味不一；特别是在 20 世纪 80 年代初期，职工工资很低、科研经费匮乏、"下海"经商盛行。身为计算中心主任，不仅要为计算数学和科学与工程计算事业奔波，还必须为计算机硬-软件维护人员、数据库及软件开发人员的生计着想；科研管理事务繁重复杂，矛盾此起彼伏；这哪是一位长期独居生活、缺乏人际交流的学者能够应付得了的，特别是当他发现没有敢于担当的、身体健壮的副手协助时，他是多么孤独、难受、无处诉说，无可奈何啊？

在这个时期，我和冯先生接触较多，主要是处理如下事宜。

● 申报国家自然科学奖。1980年开始申报自然科学奖，科技处把获得过1978年全国科技大会重大成果奖的奖项作为推荐对象，通知了我，要我和王荩贤联合原二组的同志，以弹性应力分析及其应用，包括有间隙带摩擦弹性接触分析方法及其应用一起，申报自然科学奖。我们写了简要的申报材料。随后，又要我们和冯先生、黄鸿慈一起申报，并告诉我——这是冯先生的意思。具体原因并未告知，我也未过问。因为起草申报书需要处理一系列事务，诸如：确定申报人和处理相关的人事关系、关键论文和相关论文，主要创新点（理论和应用）及其佐证资料，应用效果和国内外评价，可能出现的负面质疑，撰写申报书，接受院内初评等等。冯先生要我协助，我接受了他的安排；同时建议他找几位相关的老同事谈谈。之后，长达数月，我和冯先生经常在一起商讨"申报书"的撰写及相关问题，他认为："有限元方法"既是一类具有深厚数学理论基础的方法，又是一类应用领域极为广泛的科学工程方法。申报书既要阐述"有限元方法"的思想、方法和理论的原创性，也应写应用实例和效果，特别是在重大工程、高新科技等方面的应用效果，对促进科技、经济和社会发展的作用，还要陈述国内外评价。他要我仔细回忆，J. L. Lions 等国际知名学者访华时（1975年在座谈会上）对他工作的评价等等。

申报国家自然科学奖之后，冯先生曾多次通过孙爱芬（时任冯先生秘书）约我到他家讨论业务或闲聊所内外事务，有时一直聊到深夜。这些聊天，使他了解到较多民情，解了他的闷，也为他处理某些事务出了主意。

通过和冯先生的多次接触，我熟悉了他的谈话风格。和他谈论事情应该直截了当，当没有问您事情的起因和缘由时，万万不要从头讲起；回答问题应该清晰明确，不要含糊其辞。如果是闲聊见闻趣事，您可以倾心畅谈。如果发现他两分钟内一言不发，那你就应该迅速离开。

● 关于计算中心的应用软件研究。虽然冯先生说他不懂，但我还是和他进行了一次深入讨论，形成了自主研制和学习国外、扩充改造（即引进、消化、吸收、创新）相结合的发展思路；重点是数学软件、有限元软件和地震勘探软件。为了落实计算中心科学计算软件的发展目标，我专门到××单位索取国际友人赠送的"数学软件"和"ADINA"软件（全套源代码），组织专人开发、改造；前者由徐献瑜先生挂帅，张绮霞教授组织专题组，列为"六五"计划，进行编译、修订和扩充，形成了有相当规模的"数学软件库"，在全国推广应用，并获得国家科技进步奖。后者由我和蔡中熊负责，与清华大学联合开发，推广应用于诸多工程和设计院所。冯先生还约我专程到涿县（今涿州市）石油勘探局进行调研和访问，并希望我转向地震勘探方法研究与软件开发；他说：地震勘探方法与我承担过的小天线项目相关。由于我已经涉足于软件工程方法研究，承担了"通用有限元程序系统（FEPS）"——中国科学院重点项目和"建筑工程设计软件包（BDP）"——国家"六五"科技攻关项目的研制。向他说明情况后，他没再坚持。

● 就我所知，1978—1985 年期间，中科院和科技部召开过多次重要的科技规划会和发展战略研讨会，每次参会他都会亲自准备发言稿，从不宣读科技处为他准备的公文稿；在一些重要的会议上，他总是带着自己的建议书，利用会议间隙找专家游说，宣传计算数学对国家安全、经济和社会发展的作用和意义。记得有一次，钱令希先生和我谈起冯先生找专家游说之事，钱先生说：冯先生办事执着，不达目的，决不罢休。那个时期，冯先生会议很多，经常出现与他的原定计划相冲突的会议；当他应接不暇时，曾不止一次要我替他参会（因为张关泉副所长身体欠佳），特别是涉及多学科交叉的会议，我替他参会的次数较多；坐在摆放着冯康标牌的位置上，替他发言和参与讨论，我感到既荣幸又尴尬。每次会议前后我们都会商讨相关事宜，从中受益匪浅。

四、1986—1993 年

1986 年秋，冯先生卸任了计算中心主任，但并未从计算数学和科学与工程计算事业领导者的位置退出，而是抓住"国家重点实验室"建设及"攀登计划"立项的机遇，运筹帷幄，转向了更具前瞻性的"国家重点实验室"的申报工作。大家都知道，"科学和工程计算国家重点实验室"于 1991 年开始筹建，1993 年建成；攀登计划项目——"大规模科学与工程计算的方法和理论"于 1991 年立项。但是，大家并不知道，它们的孕育期始于 1986 年，思想源于 1985 年——《中共中央关于科学技术体制改革的决定》发布后不久。

就在"决定"发布前后，我代替冯先生参加了一次重要的会议，参会者有国家计委、国家科委、中科院、电子部等部委的重要领导，中科院党组书记严东生、"文化大革命"前计算所所长闫沛霖（当时在国家科委任职）、计算机局局长杨天行（同时在国务院电振办任职）等等，会议传达了关于科技体制改革的精神和领导指示。回来后，我及时向冯先生汇报了会议情况。他问我：会议有什么结论?我回答：没有具体结论，但是会上谈到了科研体制、投资、世行贷款等;我的感觉是会议很重要，可能会有重要举措出台。我们商议的结论是：应该关注，并做些准备。此后不久，冯先生交给我一份"关于科学和工程计算"的草稿（大约十页活页纸，部分是半页有字），内容涉及有限元和边界元方法、哈密尔顿系统的辛几何算法、计算流体和 N-S 方程、地球物理勘探方法、大气和天气预报、最优化与反问题等等，其中有不少脚注和问号，要我根据会议的精神写一份建议书。我花了几天时间，以冯先生的原稿为依据，参考 P. Lax 的报告和我掌握的国内外资料，完成了一份初稿，包括科学和工程计算的研究方向、目标和内容，对保障国家安全、促进经济和社会发展的作用和意义，以及科学与工程计算的理论和方法对提升国家计算能力的贡献等等，并向冯先生建议请邬华谟、张关泉等同志做补充。这份材料的相关版本，曾呈送中科院、国家计委和中央领导（李鹏副总理）等。现在看，那份材料很粗糙，但它却是实验室的萌芽或雏形，因为当时没有人能说清楚"国家重点实验室"是什么样子，怎么组织?随着事情的演变，"科学和工程计算国家重点实验室"的筹建方案，经过多次论证，多人反复修改和完善，直到 1990 年国家计委正式批复筹建。我相信，石钟慈院士为不同版本的"实验室筹建方案"也花费了不少心血。

在批复筹建"国家重点实验室"之前，受"863 计划"推动，国家科委、中科院和国家自然科学基金委（1986 年之前由中科院代管）已经在推动"攀登计划"，定位是面向科技前沿和国家重大需求的基础和应用基础研究。国家计委同意筹建"科学和工程计算国家重点实验室"，为"大规模科学与工程计算的方法和理论"列入"攀登计划"奠定了基础。中科院有个常规——对于给予了重大装备投入的单位，会努力帮它申请重大的研究计划。"国家重点实验室"已经获准 200 多万美元引进大型计算机，所以把"大规模科学与工程计算的方法和理论"列入"攀登计划"，已经成为中科院相关部门的工作内容之一，当然与冯先生的执着追求密不可分。据我所知，为了"国家重点实验室"、"攀登计划"和"科学与工程计算学会"，冯先生除和周瑜麟先生等进行多次讨论外，还曾拜访唐敖庆、师昌绪先生等;我陪他拜访过王仁先生，还以他的名义拜访过潘家铮、钱令希先生等。关于"攀登计划"的研究方向，他要我增加计算物理、量子力学（物理与化学）等研究内容，黎乐民院士还为此专门送来两篇论文。

就在"国家重点实验室"进入筹建和"攀登计划"立项的前夕，冯先生问我：你自己怎么定位?我当即告诉他：作为成员进入"攀登计划"项目，暂不作为实验室成员。他迟疑了一会，意思是要我回答——为什么?我接着说：第一批进入实验室的人员不宜太多；计算中心三部将有很多同志不能进入实验室，我作为中心主任回避一下为好，这样有利于我支持实验室建设，减少议论；作为成员进入"攀登计划"项目，有利于介入项目的运行管理。他微微一笑，没再言语。

总之，为了"国家重点实验室"建设和"攀登计划"立项，冯先生真是费尽了心血，工作从院内到院外，从同行到非同行，做到了天时、地利、人和。

"国家重点实验室"的建成与开放，"攀登计划"及其后继项目的立项实施，使得计算数学与科学工程计算研究所，更广泛地说，中国计算数学和科学与工程计算界有了较为优厚的经费资助，较为优良的研究环境。我们应该永远铭记冯先生的丰功伟绩。

1990年4月的一天，突然接到石钟慈院士（时任计算中心主任）的电话，要我参加中科院的自然科学奖评审。冯先生等人的研究成果——"哈密尔顿系统的辛几何算法"申报了中国科学院自然科学奖一等奖。按照传统，需要由同行专家向评审委员会介绍"申报项目"的研究成果并代为回答评审专家的提问和质疑。接到这个任务后，我深知责任重大，如果冯先生的科研成果在中科院评奖委员会上不能高票通过，则会影响日后国家自然科学奖的评审。于是我便立即联系冯先生，开始备课。因为我对"哈密尔顿系统的辛几何算法"的了解仅是一知半解，先请冯先生从概念-思想开始，给我讲了半天；我作为质疑者询问了"辛几何算法"的创新点、难点、计算效果，跨学科的作用和意义，冯先生非常耐心地一一做了详细的解释，并讨论了如何礼貌回答评委可能提出的质疑等等。冯先生告诉我，我们必须以理服人，礼貌待人，评委都是有判断力的人。之后，按我的理解和表述方式重新进行了整理，又和冯先生进行了二次演练。评审会上，我作为主介绍人讲述了项目成果，顺利地回答了评委的质疑。最终以最高票数（全票）通过获得一等奖。在和冯先生的接触中，我已经领受到冯先生做事、准备工作总是做到极致，绝不因主观原因而失误，这次也是一样。从这次评奖，使我认识到过硬的成果加实事求是的陈述是获得理想赞誉的基础。值得指出，那个年代的评奖气氛是纯洁的。

冯先生非常重视年轻人的培养和提拔青年人才。下面仅举两例：屠规彰晋升为研究员时 39 岁（1983），袁亚湘晋升为研究员时 28 岁（1988）。他俩都是当年中科院晋升的最年轻的研究员。可以想象，没有冯先生的举荐和敢于担当的精神，他俩在当年的晋升是很难成功的。再如，1993 年举办的第一届"科学工程计算世界华人青年学者大会"，冯先生不是名义上的领衔者，而是实实在在的会议发起者、组织者，从确定邀请名单到报告程序单确定，他都亲自参与。直到他因病昏迷，弥留醒来的瞬间，都还在询问会议的筹备情况。

最后，我祝愿计算数学和科学与工程计算界的所有长者健康长寿！所有青年人永远铭记冯先生的关怀，茁壮成长!事业辉煌!

以上仅是我知道和参与的一部分，我不知道的还更多。

壮志未酬　后继有人

黄鸿慈

　　我和冯先生首次见面，是在北大读计算数学专门化四年级时，他来北大讲第一堂课。他讲授"数学物理方程的直接方法"，内容主要就是从变分原理出发构造算法及其理论。北大老师讲课各有各的精彩，冯先生给我的印象是很独特,富启发性及简洁性，他思路清晰敏捷，讲授突出重点，每句话每个词既不可少，也没多余，他能吸引你的注意力，有时还会引起联想。钦慕之余，就盼将来有机会跟他做研究。他的课也使我对以变分原理构造算法留下了深刻印象，以后果然受用。

　　1957 年大学毕业，分配到刚成立的中科院计算技术研究所（后简称计算所）。先是劳动半年，以示劳动改造思想的重要性。1958 年春进入计算所第三研究室（后简称三室），从事计算数学研究。这时冯先生也从数学所转来计算所。三室的主任由北大徐献瑜教授兼职，实际领导的是副主任张克明，他曾入读清华大学数学系，40 年代初，未毕业就投身革命。十多年后数学大概忘得差不多了。室里的业务，主要由冯先生主持，还有北大兼职的董铁宝教授及搞概率统计的老教授徐宗济。　张主任对冯先生言听计从，就像《三国演义》中的刘备与诸葛亮。

　　1958 年在反右派运动后展开"大跃进"，批判读文献搞科研是走"白专道路"，三室全部人员都做实用问题。那时还没有电子计算机，就用电动计算机（即手摇计算机用电驱动）计算。几十人昼夜轮班，发挥冲天干劲，但计算结果是否正确及可用就无从得悉。直到 1959 年，计算所才研制出平均每秒万条指令的计算机。

　　我在三室原先分配在概率统计组，为接近冯先生，我要求转到水坝计算组。水坝计算的数学模型是偏微分方程边值问题，是在冯先生的业务管辖范围内。做水坝计算，可用三种数学模型，为节省存储，我们用的是重调和方程，并用超松弛迭代求解差分化后的方程组。碰到的问题是收敛速度太低，找冯先生求教，他介绍了一些文献，经研究觉得其中的切比雪夫迭代可用。我们对文献作了改进，就是利用正交多项式的三项递推质构造任意阶并且稳定的迭代格式，并在计算过程中自动找到最佳迭代参数，从而有效地求出了水坝问题的数值解。

1961 年，冯先生倡议成立一个小组，为中国科学技术大学计算专业撰写教材，由我负责，目的是把实际计算中的好经验融合到教材中。这想法实在是对三室的计算经验估计过高，其时大家都不读文章，不研究，除了上述的切比雪夫迭代有点新意及效果不错外，其他的都是老方法，效果更无从比较。写讲义的人与当时在中国科学技术大学任教的石钟慈，学术水平也差一大截。我估计他压根就没采用我们写的东西。但是，在这一段时间里，我个人收获甚大，可以名正言顺地阅读了。在冯先生的指引下，我阅读了一些好书和文献，特别值得一提的是以下一文两书。一文就是 Courant、Friedrichs 和 Lewy 三人在 1928 年写的《数学物理差分方法》，这是胡祖炽先生从德文翻译过来，登于当时内部刊物《计算机动态》的计算数学专号。 两书就是 Courant、Hilbert 写的于 1953 年出版的《数学物理方法》第一卷（钱敏译），和 Forsythe、Wasow 写的于 1960 年出版的《偏微分方程的差分方法》，后一本书是冯先生从中科院图书馆借来的新书（需特殊借书证），他让我优先阅读。这本书较详细地介绍了 1960 年以前偏微分方程数值解的基本结果，我着重读了其中的椭圆边值问题部分。在精读这一文两书之后，算是打下了初步的研究基础，开始边读文献边研究。

1963 年初，冯先生不顾强烈反对"从理论到理论"的呼声，成立了一个很小的理论研究组，叫"七组"，我任组长，成员包括从莫斯科大学毕业回来的张关泉和邬华模。这个组成立后一年，已能写出一些文章。于是冯先生觉得有点底气，于 1964 年创办刊物《应用数学与计算数学》，由我负责刊物的日常工作。

从 1962 至 1965 年这大约三年时间，我写了一些论文，都与冯先生的指引有关。其时冯先生强调从守恒原理及变分原理出发构造算法，在这两方面我写了三篇文章。一篇是从变分原理出发，构造一种矩形 C1 元解重调和方程，登于内部刊物《计算机动态，计算数学专刊》1963 年 2 月号，那时《应用数学与计算数学》还没创刊，对于这篇没有任何理论分析的文章，冯先生却很赞赏。我这篇文章及之前编制的"水坝标准程序"，成为三室首批提升助理研究员的根据。第二篇文章是用守恒原理对 Neumann 问题进行离散化，然后寻找格林公式、格林函数的差分形式，最后用离散化的傅里叶分析获得最佳的误差估计。此文登于《应用数学与计算数学》1964年1卷2期，后来冯先生推荐到《中国科学》（英文版），这刊物当时是刊登中国各个学术领域的代表性论文，但我收到通知时已在参加"四清运动"出发前夕，没有时间翻译，一年多之后回来时已是红卫兵猛烈抄家的"文化大革命"爆发，全部学术刊物都停刊了。第三篇文章我开始写的是讨论泊松方程的三类边值问题及弹性力学的位移方程，应用变分原理及分片多项式进行离散化，这其实就是有限元方法，当时没用这一名词。然后分各种情况找到相应的积分不等式，把误差估计问题归结为插值问题。因为不懂广义函数这套理论，索伯列夫空间的插值理论其时也未出现。所以到这步，只能假定真解有二阶光滑，用泰勒公式处理，得出误差估计。论文完成时，王荩贤、崔俊芝等也完成了水坝各种计算方法比较的报告。这时三室进行一次全室论文报告大会，为1965年5月在哈尔滨举行的第三届全国计算数学大会作准备。报告会后，部分听众强烈要求我的论文与王、崔等的报告合并，以示理论联系实际，张克明主任也肯定这个意见。于是把我论文有关位移方程部分与他们的报告合并，在第三届全国计算数学大会上报告，我因参加"四清"未出席此会。联名文章发表于《应用数学与计算数学》1966年3卷1期。冯先生对上述两篇文章很赞赏，除了以上说的把第二篇推介给《中国科学》以外，还在他发表于《应用数学与计算数学》1965年第4期众所周知的有限元开创性论文中，把两文放在引文内，引文也只有这两篇中文的论文。当时我和王、崔等的合作文章还未发表。说实在的，这些文章的学术水平不算高，就像只因为少数人参与的比赛，我们才获得名次。但也要说，1962至1965年夏这三年多是我学术生涯中最努力也是思想最活跃的时期。

1966年8月底，参加一年多的"四清"运动结束，回到北京时，已是"文化大革命"开始，红卫兵破四旧，抄家，殴打资本家进行得轰轰烈烈。我一返回所内，就看到二组（水坝计算所在的大组）办公室的外墙贴满我的大字报，内容主要有，我请二组人员到家里大吃大喝（其实就是吃点油饼和广东红豆沙之类），大放糖衣炮弹。业务上搞脱离实际的从理论到理论，是修正主义苗子，大字报只是帽子大，没什么实质内容。不过看来势，心里也有点震惊。我知道二组这些老熟人，只是出于无奈为表态响应运动而已。不过，从这时开始，像我这种出身不好、又有海外关系的人，大部分人都不愿搭理我。至于像冯先生这样的旧知识分子权威，就像带菌病人，人们都避之则吉。我印象中，从"文化大革命"始至 1968 年清理阶级队伍开会批判他，我都没在所里遇见过。对冯先生的全室批判会，是有气势没实际，叫叫口号而已。造反派动员我发言，并施加压力。后来可能因为我没服从而把我圈进有问题人物的小组，搞了半年的学习班，学习毛泽东著作中的《南京政府向何处去》《敦促杜聿明投降书》等文章，并到锦州进行一个月的大体力劳动。不过，我的沉默换来了冯先生的友谊，"文化大革命"后有一段非常融洽的合作。后来冯先生出走，也许不是由于三室的批判，而是被众多"反动权威"的悲惨遭遇所激发，特别是他的好友董铁宝教授的自杀。这段时间冯先生的痛苦经历，可参阅宁肯、汤涛写的《冯康传》。这本书详细叙述了冯先生的生平以及众多学者和他的学生对他的印象和感受。 最后非常庆幸冯先生在"文化大革命"中生存下来，并创出尔后将近二十年的辉煌。

我在"文化大革命"开始三年多没事做，至 1970 年初，被指令在业务上负责计算机自动化设计中的一项紧急任务——插件板的自动布线。组长是出身好的年轻人，他不做工作，只在我们做出一点成绩时就在所里广播站讲用毛主席著作。其时冯先生已脱离监视，也到这个任务组。他参加制订方案并编写程序，这是他首次编程，已表现高超的技巧，对任务起了很大作用。他做了约三个月，就离开这个组并与崔俊芝等做有限元方法的推广工作。我则做了三年。这项任务完成后，继续做计算机设计的其他任务，一直做到 1977 年。"文化大革命"结束，有了一定的业务选择自由，我就要求回到三室。

1978 年三室脱离计算所成立计算中心，冯先生被任命为中心主任，由军师变主帅了。这时他真是意气风发，要把"文化大革命"破坏后的烂摊子恢复发展。 他首先抓的是人才培养和促进学术研究。于是他开展了两项工作：一是招收研究生，另一是恢复刊物。这两项工作我都做了他的助手。在招研究生的工作中，从命题、改卷、提出初步录取名单，都委托我做。这时因"文化大革命"而积压下的一大批优秀大学生，虽然部分年纪偏大，但还是可造之才。我们从中挑选了 30 人，其中多人后来都颇有成就。董铁宝教授的大儿子因"文化大革命"没上大学，考试成绩未达要求，虽然董教授与冯先生交情深，又有人求情，但冯先生仍拒绝录取，可见他拒走后门的严肃态度。研究生开学，计算数学课程由我来讲，其时我已十多年没读计算数学文章，只好边学边教，这也给了我重新进修的好机会。

在办刊物方面，冯先生也花了很大心血。1978 年恢复办刊，改名《计算数学》，1979 正式定为第一卷。后来又办了《数值计算与计算机应用》和英文的 *Journal of Computational Mathematics*，三个期刊都由我做不挂名的执行编委，负责分派稿件与审稿人，根据审稿意见向编委会提出初步录取及退稿名单，然后冯先生召开编委会定夺。为奖励我的工作，1982 至 1983 年期间，我在所内被提拔为首批研究员和博士生导师。

1978 年秋，我陪同冯先生访问法、意两国，历时一个多月。接触的学者都是法、意两国应用数学和计算数学界的一流人物。冯先生的研究成果、学术素养，以及语言能力（在法国冯先生用法语作报告），都获得他们的赞赏和钦佩。这段时间我看冯先生吃得少，睡眠时间也短，但却精力充沛，从未见倦容。学术交流之余，游览名胜古迹及博物馆，冯先生对所见的一些艺术品，讲起来如数家珍，显示了其广博的文化素养。

然而矛盾终于产生了。第一件事发生于 1982 年，冯先生考虑成立软件研究室。当时所内人员虽然做了多年实际任务，但软件技术仍是老一套，各做各的任务，重复性严重，技巧不高。如何达到标准化、通用化亟待发展。我对现状有同感并很赞成冯先生的建议。但当他让我当室主任时，我坚决拒绝。因为我刚重新捡起计算方法的研究，并有一些进展，不愿再次转行。以前对冯先生从未违抗，这次拒绝使他大出意外，明显对我表示出极大不满。后来找了崔俊芝负此责任，这也是我的推荐并认为他比我更合适。另一件事是有限元方法申报自然科学奖，开始时冯先生想报他一个人，我不表态，后来他提出报四个人，即他和我、王荩贤、崔俊芝，我也不表态。他看出我的意思是只报他和我两人，我也确是这想法。情况很僵，最后是按他的意见报四个人。这件事大概给他留下了很坏的印象。现在想来，是我的不对，从成果的水平、创造性及影响，由冯先生个人作为代表是合适的。这没有抹杀我的工作，在冯先生论文中的引文以及所给的奖励、提拔，都在肯定我的工作。冯先生还是宽厚的，在上述两件事发生后，他还是推荐我获得国务院首次颁发的"有突出贡献的中青年专家"称号。在撰写《中国百科全书》时，冯先生是数学卷计算数学分卷的负责人，他让我起草主要条目《计算数学》（最后落款是冯康、周毓麟、黄鸿慈、石钟慈）及《有限元法》、《边值问题数值解》等较大条目。

使我们关系产生裂痕性的伤害来自一场误会。20 世纪 80 年代前期，中国处处呼喊改革，1984 年前后，计算中心党委考虑机构改革，把计算中心分为三个部，即计算数学部、软件部、计算器服务部。我表示赞同并提出一些具体做法，因为我也觉得计算中心太松散。我不知道冯先生不同意这个方案，最后党委实行了。是否我的支持起了作用？1984 年国庆，党委安排我上天安门前的观礼台，这大概使冯先生产生联想，我投靠党委与他作对，这是我的推测。因为自此以后，冯先生把我完全边缘化了。三个期刊成立各自的执行小组，我只是中文"计算数学"小组的召集人，他最重视的 *Journal of Computational Mathematics* 也由别的同事负责。成立研究生委员会，我不在其中。研究生的分配也不像以前通过工作介绍由师徒互相选择，而是统一分配。我收到的研究生在质量和数量都大不如前。接待外宾我不再参与。冯先生也不找我商讨任何事。总之，我成为局外人。矛盾一直不能化解，我当时也不觉得自己有什么错。1989 年 5 月底，我牵头并由计算中心与清华大学在北京举办数值软件的国际会议，我没通知冯先生，只请主任石钟慈以主人身份出席礼节性的活动。过后不久，计算中心正副主任偕同冯先生召开一个小会，由业务处长宣布取消我的一个主要课题的研究基金，理由是我已超过限定的课题数目。由于会前我毫无思想准备，控制不了情绪，当面对冯先生说了很不敬的话，并下决心离开计算中心。

1989 年 8 月底我离开北京到香港，在香港浸会大学任教。一段时间冷静下来之后，开始重新思考自己的轻率和对冯先生的决裂态度。回想他对我在入行学习、研究和工作等方面的关怀、指导、鼓励及给予的荣誉，可以说超过任何人。他后来对我的疏离、边缘化，有些是误会，但更多是我做得不对，自以为是。换位思考，冯先生是宽容的，让我处于他的位置，说不定还会指责对方忘恩负义。1991 年夏，我诚意邀请他来香港访问，他欣然接受。其实冯先生是个爽直的人，有话直说，我也是喜怒哀乐形于色，对冯先生敬佩，但从不说曲意奉承的话。双方有了这种了解，就容易消除误会和恩怨，我们也终于做到了。

冯先生 1993 年去世我没能去送最后一程，是很遗憾的事。退休后的十多年，我多次去北京，每次都去八宝山扫墓。冯先生的碑石与我岳父母的很近，还有张克明夫妇的亦在近邻。当我看着碑石那熟识的脸孔，就产生跳跃的联想：按世俗的观点，身有残疾，缺少家庭温暖，无丰盛物质享受，怎能有快乐人生呢？但我相信，这个陶醉于学术探讨，驰骋于知识天空的人，当他经过深度思考，解决了难题的时候，那种深沉的快乐，不是常人能够体会和享有的。用辛勤劳动换来的奖励以至国际学术界的认同，当然也给这种人长远的荣誉感。我又会想起我与他的过节，那场因机构改革而产生的伤痕太不值了，是我的鲁莽，冯先生是主任，我应尊重他，为什么不去找他谈谈，听听他的意见，当时他还是会乐意商讨的，我太自以为是了。

冯先生被公认为中国计算数学的开拓者和奠基人。他在有限元方面的开创性工作，已被国际公认为创立有限元方法四个贡献最大的学者之一。有限元方法又被认为是有史以来 29 个重大算法之一，而且是重中之重。他在辛几何算法上的成就，使他获得国家自然科学奖一等奖，我这方面不熟，将有其他人介绍。在科学研究之外，冯先生在建立队伍、创办期刊、对外交流等方面都是功绩卓著，为中国计算数学留下极其丰盛的遗产。冯先生能成就伟大事业，有三个要素。第一是学养。他不仅有深厚的数学基础，由于大学时他兼修了电机工程和物理课程，到计算所之后，又广泛接触了各类工程的计算，所以他拥有渊博的科学工程知识。第二是雄心壮志。与冯先生有接触的人，都会感到他那种追求卓越之心。他追求出人头地，冲出世界，在国际科学界求一席位。对他这种雄心壮志，我陪他出国访问时感觉特别明显。 第三是艰苦卓绝。在雄心壮志推动下，加上对学问本身的兴趣，他的刻苦努力，不是常人能做到的。从学生时代至离世的最后日子，都在专心工作与思考。1991 年访问香港时，原已安排的一些游览休闲节目，因他要在全港所有大学都作报告而放弃。

深为惋惜冯先生过早地离开了我们。以他离世前的发展势头以及满腹的计划方案，应可再辉煌十年。而我们这一代人，由于"文化大革命"的影响，环境封闭，所成难以望冯先生项背。幸而 20 世纪八九十年代兴起的一辈，很多已在国际期刊发表了开创性论文，而且是顶尖大学的著名教授，在重大学术场所崭露头角。他们在国内的已任要职且成为学术带头人，在国外的不忘报国，为祖国学术发展和人才培养作出重大贡献。可以预期，这辈人中定会出现不是个别而是一批可比肩冯先生的人才！

冯先生可说壮志未酬，但幸而后继有人！

门 下 弟 子

怀念恩师冯康先生

王烈衡

今年是冯康先生诞辰 100 周年。我自大学毕业后，一直在冯先生指导下学习、工作。先生的音容笑貌历历在目，关爱培育永生难忘。

初入师门

1964 年，我大学毕业，考取了冯康先生的研究生。到研究所报到后，第一次去见冯康先生，我内心是有点胆怯的。一是我从未见过冯先生，又听说冯先生不苟言笑，很是严肃。刚巧我的研究生院同学，毕业于中国科学技术大学的孙家旭，同冯先生相熟，幸得他同意陪我去见冯先生。记得当时他问了我大学时的学习情况，并指出研究生主要靠自学，跟大学不一样。指定我念三本书，一年后复试，合格后进入论文阶段。这三本书是：柯朗、希尔伯特的《数学物理方法》第一卷（中文译本）和第二卷（英文版），哥都诺夫、利雅宾涅基的《差分方法理论引论》（俄文版）。最后他告诉我，要努力学习，要在 30 岁以前做出工作来。这对我既是鞭策也是警醒。

天才与勤奋

冯康先生年轻时就读于电机工程系，此后攻读物理和数学。这样为他通晓并精通物理和数学，打下了扎实的基础，这些都源于他的勤奋努力和刻苦学习。对于这种精神，我有切身感受，兹举几例。

记得 20 世纪 80 年代初，一天我收到了中科院图书馆的一封信函。拆开一看，是一张催还书并罚款的单据，原来是我借的书已过期。我将此事告诉了科研处的赵静芳同志，未料她向冯先生提起此事（大概因为冯先生经常跑院馆，大量借阅书刊而提醒他）。冯先生听后乐了，并把我叫去对我说，大意是：图书馆这个规定很好,大家都要借阅书刊,当然期限要有限制。我从来没有被罚过,借来书就要抓紧;恐怕你没有及时地看吧!听了冯先生的话,我很惭愧。想起多次在中关村下班的路上,看到先生瘦小的身影,背着一大书包的书步行回来。他的阅读量不知要多我几倍呢,他从来都是按时借还书刊的!

有几次冯先生跟我们谈读书时说,现在有复印机是方便了,但有的人反而书读少了。资料复印完,翻一翻就放下了。从前许多书都是借来看的,要抓紧时间仔细阅读,还要作好笔记,好得很!确实冯先生有许多读书笔记,他自己的书上,有许多密密麻麻的眉批。他还好几次告诫我:"好记性,不如烂笔头。"当时我只觉得是为了避免忘事,后来仔细想想,他是要我看书要仔细深究,要做好笔记。

还有一件事使我印象深刻,那是1991年8月下旬在杭州召开国际科学计算学术会议。当时会议组织方,在会议驻地以外另外给外宾及一些高规格的代表(大概是作一小时报告者)安排了一处特别的住处。冯先生也被邀请到那边去住宿。但是没有想到,冯先生坚辞不去,而一直跟大多数代表一起住在普通宾馆里。在晚上他要跟他的学生们,冒着杭城的暑热,在一楼一个大房间里,一边讨论一边拟他的大会报告,这就是"形式幂级数和动力系统的数值算法",后来的国家自然科学奖一等奖项目的一部分。可见他真正是学术第一、工作第一的可敬佩的先生。

不忘先生的培育和关爱

20世纪70年代末,邓小平拨乱反正,科学界开启了对外开放的大门。当时冯康的名字已经在国际数学界,特别在应用数学和计算数学界广为人知。1978年底应法国和意大利科学院的邀请,冯康偕同黄鸿慈老师访问了法国和意大利的研究机构和大学,当时作了多次学术报告,受到了热烈的赞赏和高度的评价。我于1982年在意大利的帕维亚遇到F. Brezzi教授(2002年国际数学家大会程序委员会成员),一说起冯康先生马上竖起大拇指连声称"very very good!"

冯康先生从欧洲出访回来,就对我说:"你愿意出国吗?"我当然愿意。他马上拿出一份意大利国家研究委员会(CNR)的资助申请书,亲自指导我填写(因为是意大利文,我很难读懂)。当时我心头一热,原来冯先生在出访期间已为他的学生出国深造作了准备。不仅带回了资助申请书，并且联系好了教授和主要的学习研究方向。不仅如此，推荐信都是他老人家亲自用打字机打印的（当时没有电脑打印排版）。托冯先生的名气和威望，不久即收到对方教授来信，告知我已被录取，并为了方便工作和生活，将我安排在条件很好的罗马的"计算应用研究所"（IAC）。

在我准备出国前一段时期，冯先生主动将他的办公室给我使用。极大地改善了我的学习和工作环境。我们当时在一间 16m^2 的办公室里要挤下五六个人呢！

谨以此文纪念冯康先生诞辰 100 周年。

深切怀念恩师冯康先生

余德浩

2020 年 9 月 9 日是冯康先生 100 周年诞辰纪念日。他于 1993 年 8 月 17 日因病逝世，至今已有 27 年了。但时间的推移并未磨灭我对他的思念，岁月的流逝更为他的学术思想增添了光辉。

一、饮水思源，师恩难忘

我退休前在中国科学院数学与系统科学研究院从事计算数学研究工作。该研究院由四个研究所组成：华罗庚先生创办的数学研究所和应用数学研究所，关肇直先生创办的系统科学研究所，以及冯康先生创办的计算数学与科学工程计算研究所。后者原名为中国科学院计算中心。数学与系统科学研究院的办公大楼于 2002 年被命名为"思源楼"。我当时担任计算数学与科学工程计算研究所副所长，参加了那次命名仪式。"思源楼"这个名字起得很好，顾名思义，饮水思源，我自然想到了我的老师，想到了不仅创建了这几个研究所，而且为开创我国现代数学事业，包括计算数学和科学计算事业作出了巨大贡献的这几位前辈数学大师。他们都是我的老师。

在参加"思源楼"命名仪式后，我曾写诗一首，题为《思源楼杂感》。诗是这样写的：

> 罗庚有数论方圆，肇直无形析泛函。
> 文俊匠心推拓扑，冯康妙计算单元。
> 追思母校龙腾日，喜见繁花锦绣园。
> 盛世中华迎盛会，思源楼里更思源。

诗中嵌入了四位老师的名字和专长，"盛会"则指 2002 年将在北京召开的世界数学家大会。该诗表达了饮水思源、师恩难忘之意，曾在许多场合多次自引。

　　早在读中学时我就仰慕华罗庚先生。1962 年高中毕业前我有幸见到了华先生。作为全国人民代表大会教育科学文化卫生委员会副主任，华先生在我的中学数学老师黄松年先生的陪同下，到我的母校上海市格致中学视察并给全校师生作报告，报告结束后又作为中国科学技术大学副校长，接见了我们几个爱好数学并曾在上海市中学生数学竞赛中获得优胜奖励的同学。华先生希望我们报考中国科学技术大学，特别是他亲自担任系主任的数学系。中国科学技术大学于 1958 年才成立，当时的名气还不很大。特别在上海，复旦大学的影响更大些。但在华先生的影响下，我在 1962 年参加高考报名时，把中国科学技术大学数学系作为第一志愿，并以高分被录取。

　　那时候中国科学技术大学位于北京复兴门外二十华里①的玉泉路。虽然校园很小，学生不多，但全院办校，所系结合，中国科学院各研究所最著名的专家都来校讲课，师资条件得天独厚，非一般高校可比。在数学系，华罗庚、关肇直、吴文俊三位教授亲自讲授基础课程，一人带一个年级，被称为"华龙"、"关龙"和"吴龙"。这就是我诗中"龙腾"一词的来由。我们那一年级属于"关龙"。关肇直先生带领当年才二十六七岁的青年教师林群、常庚哲、史济怀等教我们数学课程。严济慈先生当年也是中国科学技术大学副校长，他亲自在阶梯教室开大课，教我们物理学。上大学期间我就知道冯康先生的名字，但并没有见过面，只知道他曾在关肇直先生的泛函研究室工作过，后来转向计算数学研究，也读过他与关肇直、田方增合著的《泛函分析讲义》。当时冯康先生在中国科学技术大学数学系计算数学专业教课，而我虽然被分在计算数学专业，却还没来得及听他讲课就发生了"文化大革命"，因此对计算数学还是一窍不通。

　　我爱好数学，从小就崇拜数学家，当然希望毕业后能到中国科学院从事数学研究工作。但"文化大革命"使这一理想难以实现。当时身不由己，只能服从统一分配。我们这一届毕业生在学校等待分配时间长达一年，到 1968 年 7 月我才被分配到山西省的军垦农场种地。两年后又被分配到北京远郊密云县的农业机械厂和化肥厂，接着当了八年的工人和技术员，脱离数学专业十余年。幸好关肇直先生在我毕业数年后还记得我这个学生，他通过多种途径打听到我的下落，就经常给我寄他们讨论班的学习资料，鼓励我复习数学，并几次想把

---

① 1 华里=0.5 千米。

我调到中国科学院数学研究所工作，可惜在当时的形势下都没有成功。若没有他的关心和鼓励，我可能早就把学过的数学知识忘光了，后来也就很难考上研究生。在"文化大革命"结束后，邓小平再次出山，于 1977 年恢复了高考制度，接着又恢复了研究生招生，这使我有了重返数学专业的机会。又是关先生写信告诉我这个重要信息，并建议我报考冯康先生的研究生。由于前几年县里曾多次阻挠我调动工作，我报考研究生时已是孤注一掷，只能成功，不能失败。我也担心"录取名单已内定"，因为社会上已有这样的传言。于是我给冯康先生写信，表达了我考取研究生的愿望和顾虑。他很快回了封信鼓励我报考，并强调将完全按考试成绩录取。这些事情已经过去三十多年了，但回忆起来仿佛就在昨天。关肇直老师早已于 1982 年去世了，冯康老师也已于 1993 年离开了我们，但我会永远记得他们在我人生的关键时刻对我的关心和帮助。

二、指点方向，开拓创新

真正认识冯康先生是在我成为他的研究生之后。冯康先生早在 20 世纪 50 年代就开始培养计算数学青年人才，其中有些早已成为著名的专家教授甚至院士。到 60 年代他又指导了一些四年制研究生，其中有的完成学业毕业了，也有因"文化大革命"或其他原因而中止了学业。到 1978 年我国恢复研究生招生，又建立了硕士、博士学位制度，冯康先生便是首批博士生导师之一。他还是首届国务院学位委员会委员和学科评议组成员，多次连任直至去世。冯康先生在"文化大革命"前就培养过许多学生，也正式带过研究生，我当然不是他的第一个学生，也不是他的第一个研究生。但我可以说是他的第一个硕士生和博士生。在 1978 年招收研究生时，由于积压了十多年的人才都要挤读研究生这座独木桥，报考的人相当多，录取比例很小，难度空前。报考研究生的有五六十年代的大学生，也有七十年代的大学生，甚至还有没有上过一天大学自学成才的"知识青年"，年龄大的接近 50 岁，年龄小的才 19 岁。当时冯康先生任中国科学院计算中心主任，亲自命题、判卷，主持面试及录取工作。由于他的名气很大，报考计算中心的多数考生慕名而来希望以他为导师，但最后他只留下我一人亲自指导。确实万分幸运，我成了无可争议的"冯康先生的第一个硕士生和博士生"。我在他的亲自指导下学习、工作了整整六年，于 1981 年取得硕士学位，1984 年取得博士学位。到 1985 年冯康先生才招收第二个博士生汪道柳。汪道柳是 1982 年考入计算中心的，硕士生导师是张关泉研究员。他毕业后曾留所工作，几年后移民加拿大。在汪道柳之后，冯康先生又先后招收了葛忠、尚在久、唐贻发等博士生，其中尚在久毕业后到中国科学院数学研究所做博士后，后来担任过该所副所长、所长。

我22岁大学毕业，33岁有机会考上研究生，39岁才取得博士学位。在我读研究生时，有些也就比我高两三届的科大学友，由于赶在"文化大革命"前毕业，当时就分配到中国科学院工作，到1978年已经是研究生导师了。产生这一巨大的差距当然不是我个人的过错，是"文化大革命"使我荒废了学业十多年。这给了我很大的压力。我决心珍惜这来之不易的机会，勤奋学习，努力工作，把失去的时间夺回来。但当时我没有任何研究工作经验，若无名师指点，很难进入科学研究之门。是冯康老师在很短的时间内把我引进了计算数学研究之门。他言传身教，毫无保留地向我传授治学之道，为我指出了重要的、有广阔发展前景的研究方向，使我不但在这一方向完成了硕士及博士学位论文，而且在取得博士学位后，又继续在这一方向工作了三十多年。我庆幸自己遇到了一个好老师。

20世纪70年代后期，改革开放刚刚拉开序幕，百废待兴，百业待举。科学的春天来了，科研人员可以不受干扰地开展科学研究，但多数研究人员还不清楚哪些是重要的研究方向，哪里是学科前沿，不知道应该选什么研究课题，工作应从哪里入手。冯康先生以其渊博的学识和敏锐的眼光，以及对国家需求和学科发展的深刻洞察力，高瞻远瞩，高屋建瓴，旁征博引，深入浅出，在北京，在外地，作了一系列报告，展望了计算数学和科学计算的发展前景，指出若干重要的研究方向，鼓励中青年科研人员去做这些大有可为的研究工作。在此期间他还曾到欧洲访问讲学，也大讲这些新的研究方向。从他的报告中受益的不仅有中国的科研人员，也有一些外国学者沿着他指出的方向完成了很多很好的工作，有的还因此在世界数学家大会作45分钟邀请报告。记得当时他提出的研究方向有：组合流形上的微分方程与组合弹性结构、间断有限元方法及理论、现代数理科学中的非线性问题(孤立子)、数学物理方程反问题及其在地震勘探中的应用、无界区域上偏微分方程的数值求解，等等。到了20世纪80年代初，他又提出了哈密尔顿系统的辛几何算法这一新的研究方向。从《冯康文集》的目录，以及他在当时发表的一些论文的脚注中，我们可以看到他不断开辟新的研究方向的线索。

冯康先生的一系列报告带动了一大批人去从事这些方向的研究工作，取得了许多有意义的研究成果。其中有些方向的研究工作至今长盛不衰。林群院士曾在庆贺冯康先生七十寿辰的报告会上非常生动形象地说:"冯康先生煮了一锅饭,我只捡了其中一粒米,吃了一辈子。"可以说,冯康先生当年的这些报告影响了中国计算数学界几代人。正是在冯康先生的亲自指导和鼓励下,我开始研究无界区域偏微分方程边值问题的数值求解。在冯康先生影响下同时开展这一研究工作的还有清华大学的韩厚德教授,他至今仍清楚记得当年倾听冯康先生报告时的生动情景。

冯康先生经常说,他从来不是从洋人的论文缝里找题目。20世纪60年代,在中国科技界几乎与世界其他国家隔绝的情况下,他独立于西方提出了"基于变分原理的差分方法",即后来的有限元方法,最早建立了有限元数学理论。他不满足于已有的成果,对于不断提出的新问题,总想找到适于求解新问题的新方法。他常说:一个科学家最大的本事就是把复杂的问题化简;一个好的计算方法应能保持原问题的基本特性;对同一个物理问题可以有许多不同的数学形式,它们在理论上等价,但在实践中未必等效。正是这些思想指导着他不断发现新问题,提出新方法。有限元方法固然对解决许多问题很有效,但并非万能。有限元方法、有限差分法、有限体积法,都离不开"有限"二字,有限个有限大的单元可以覆盖有界区域,因此对有界区域问题,这些方法可以很有效。但对无界区域问题,上述方法遇到了本质性的困难。简单地把问题局限于有界区域求解,忽略人为边界外部的影响,必然导致显著的误差,于是必须探索新的计算方法。冯康先生想到了边界归化的思想。他说,同一个物理问题,既可以用微分方程来描述,也可以表达为边界上的积分方程,区域上的微分方程可以归化为边界上的积分方程。而边界归化的思想,早在19世纪就已出现,我们可以提到 Neumann, Volterra, Fredholm, Hilbert, Hadamard 等许多前辈数学家的名字,可以在他们的论著中找到一些相关的理论成果,但那时候还没有电子计算机,当然不可能将这些结果应用于科学和工程计算。

基于边界归化发展的计算方法称为边界元方法。在冯康先生思想的指导下,我和韩厚德教授发展了与西方流行的两类边界元方法完全不同的边界元方法,冯康先生最初把这一方法称为正则边界元方法,后来又建议改称为自然边界元方法。我们首次提出了超奇异积分方程的数值解法,系统发展了求解各类问题的自然边界元方法,特别对椭圆型偏微分方程得到了相当完整的结果。我们发展了各类人工边界方法,给出了一系列高精度的人工边界条件,并应用于科学和工程计算的许多领域。我们提出了边界元与有限元的对称直接耦合法，克服了自然边界归化对区域的限制。这一方法后来被西方学者称为 DtN 方法 (Dirichlet-to-Neumann method)。该方法及随后在此基础上发展的 PML（perfect matched lager）等方法在国际上已被认为是当前求解无界区域问题的最主要的计算方法，在科学和工程许多领域获得了成功应用。

我们的工作经受了长时间考验，引发了大量后继工作，相关论著被他引上千次。同行名家在公开发表的论著中高度评价我们的工作，称我们是"DtN 方法的创立者""首先提出和发展了 DtN 方法""截断误差分析是一个重要课题，余和韩首先导出了误差估计""余首先指出了偶次元与奇次元误差的不同特性""超奇异积分计算遵循余方法""韩独立引进的对称方法"，是"基本的有限元-边界元耦合公式"，余的论文是"最值得注意的论文，提供了重要的结论"，等等。自适应有限元方法创始人，美国 Babuska 院士在专著中 19 次引用余的论文；日本前数学会会长藤田宏教授在专著中列出"外问题"专节，介绍余的工作； Wolf 奖获得者美国 Keller 院士在论文中承认"证明中的某些思想类似于韩的误差分析"，其合作者对余的专著发表书评承认"他们随后在西方独立发展的 DtN 方法类似于余的方法"；德国"边界积分法之父"，Wendland 教授特别指出："韩和余两位科学家为边界积分方程数值解的分析和发展贡献了重要的新成果。他们的工作发展了数学和数值边界元分析的中国学派。"

"弹指一挥间"，40 多年时间过去了。韩厚德教授和我都早已过了冯康先生当年为我们指出研究方向时的年龄。我们以 30 年的心血凝聚而成的研究成果"人工边界方法与偏微分方程数值解"获得了 2008 年国家自然科学奖二等奖。我们终于没有辜负冯康先生生前对我们的大力支持、热情鼓励和殷切期望。

三、提携晚辈，激励后人

冯康先生不仅指出了上述一系列新的研究方向，而且鼓励学生和同事们独立去做这些方面的研究工作。他自己则在生命的最后十余年集中精力研究哈密尔顿系统的辛几何计算方法。尽管如此，他仍然非常关注上述研究工作的进展。例如，在他的指导、鼓励和影响下，张关泉研究员在数学物理反问题研究及其在石油地震勘探中的应用方面，屠规彰研究员在孤立子和非线性方程理论研究方面，韩厚德教授和我在无界区域偏微分方程边值问题数值求解的研究方面，都取得了很好的研究成果。冯康先生为我们取得的每一个成果而高兴，他在多次国际会议上大力宣传我们的工作，并鼓励和支持我们总结研究成果出版专著和申报科技成果奖励。1983 年在华沙举办的世界数学家大会邀请他作 45 分钟报告，在他之前受到过这一邀请的中国大陆数学家只有华罗庚先生等寥寥数人。冯康先生递交了题为《有限元方法和自然边界归化》的报告并被收入文集。他在报告中介绍了我的工作，在一共只有 11 篇的参考文献中，就列入了我的两篇论文及另一篇他与我合作的论文。他还曾在许多其他国际会议上介绍我的工作。他也鼓励我独立申报中国科学院自然科学奖，独立撰写专著。尽管我在报奖前多次表示要把他的名字加上，但他坚决不同意。他说这些工作是我做的，应该独立去申报，不要挂他的名字，他也不希望我靠挂上他的名字去获奖。他和石钟慈院士分别为我申请科学出版基金写了推荐信。他在推荐信中写道："该书完全不同于国内外现有的同类书籍，是一本具有国际领先水平的、极有特色并反映了我国学者在这一领域的研究成果的学术专著，因此很有出版价值，特此推荐。"他还亲自为我的书确定了书名，这使得我的专著得以在科学出版基金支持下，列入"纯粹数学与应用数学专著"，在科学出版社顺利出版。1993 年 3 月，当我把拿到的第一本精装本的《自然边界元方法的数学理论》送到他家里，恭恭敬敬递到他手中时，他也难以抑制心中的兴奋和激动。

在冯康先生的鼓励和支持下，我于 1989 年独立申报了中国科学院自然科学奖，并顺利通过了评议和答辩，获得了一等奖，他非常高兴。我由衷地感谢他多年来的指导和帮助，提出要与他分享奖金，被他坚决拒绝。为此我向当时的所长石钟慈老师建议，设立冯康青年计算数学奖，以奖励研究所内 45 岁以下的优秀青年研究人员。在所领导的主持下，这个奖励基金很快设立了，我捐出了中国科学院自然科学奖一等奖个人所得的奖金中的大部分，这是这个奖励基金得到的第一笔捐款。随后屠规彰研究员也从美国汇来捐款，所里也投入了一笔经费。评奖委员会成立后，确定该奖两年评一次，一次评选两人，当时我也在评奖委员会内。在冯康先生去世前，刚毕业留所工作的年轻博士汪道柳和胡星标获得了这一奖励。

1993 年 8 月 10 日是冯康先生繁忙而不幸的一天。为纪念有限元方法发展五十年，国际上的一些著名专家请他提供 1965 年那篇以中文发表的著名论文的英文译文，因此他要校对已由留美青年学者翻译的文稿并最后定稿；他也要关注即将在北京香山召开的华人科学与工程计算青年学者会议，亲自参与会议的组织安排；他又获悉国际数学家大会已邀请他在下一次会议上作大会报告。

因此他非常兴奋。在结束了一天的紧张工作后，晚上九点钟，他准备沐浴休息。但非常不幸的是，当家属发现他倒在浴缸旁边昏迷不醒，再请所里人帮忙把他送到医院时，已经是后半夜了。在病危住院的一周中，他几乎一直处于昏迷状态。但据当时时任所长崔俊芝院士回忆，确实有一天冯康先生曾清醒过来，还与他们说了话。那一天崔院士正守候在病房里，上海大学的郭本瑜教授前来探望冯康先生，冯先生醒过来了。崔院士还清楚地记得，冯康先生曾向他问起将要在香山召开的华人科学与工程计算青年学者会议的准备情况。在冯康先生突然病倒前几天，他们曾讨论过会议的报告安排。住院一周后的 8 月 17 日，冯康先生因后脑蛛网膜大面积出血医治无效，不幸病逝。就在那一天，香山会议开幕了。参加会议的海内外青年计算数学家在惊悉这一噩耗后，不胜悲哀。他们提议，为了怀念冯康先生，永远铭记他对科学计算的杰出贡献，为了激励后人，推动科学计算事业的发展，为了扩大国际影响，促进全球华人青年科学计算工作者间的交流，应该把本来局限于中国科学院计算中心内部的"冯康青年计算数学奖"升格为面向全世界华人青年学者的"冯康科学计算奖"。与会青年学者当场解囊捐资。这一提议也得到了全所职工和国内许多同行的支持，捐款很快突破了 20 万元。在石钟慈院士的主持下，自 1995 年起，"冯康科学计算奖"每两年评选一次，国内外的华人青年学者都把获得这一奖项视为非常崇高的荣誉。至今已有数十人获得这一奖项。

四、只争第一，不要第二

1990 年研究所曾为庆贺冯康先生 70 寿辰组织了一次学术会议。随后，《计算数学》《数值计算与计算机应用》和 *Journal of Computational Mathematics* 三刊的执行编委会委托邬华谟研究员和我起草《祝贺冯康教授 70 寿辰》一文，拟以中、英文分别刊登在这三个期刊上。当我们拿着初稿到冯康先生家里请他审阅修改时，确实有些诚惶诚恐，因为知道他非常严谨，可能会提出很多修改意见。但出乎我们意料的是，冯康先生对文章并未做多少改动，却对文中两处写法提出了非常强烈的反对意见。一处是在文章开头介绍先生简历时，提到了"1977 年晋升为研究员"。他对此非常恼火，提高嗓门说："快六十岁了才当上研究员，外国人会认为我是个白痴！"其实国内 20 世纪五六十年代参加工作的人都知道，职称、工资长期冻结，直到 1977 年才解除冻结，逐步恢复职称晋升制度。但外国人怎么会知道这些呢？就是国内的年轻人也难以理解那时的情况。他们只知道,为了克服"人才断层",有一些幸运的年轻人稍有成绩就能被越级晋升为教授,甚至被称为"破格"。他们怎能理解成就卓著的冯康先生在职称被压约二十年后才得到正名的复杂心情!冯康先生的这一怨气已经积压了许多年,只是这一次在我们面前爆发了!我们立即表示理解他的心情。我说我也有同感,因为我 22 岁就已大学毕业,但在 17 年后直到 39 岁才取得博士学位,外国人同样会认为我是个白痴!于是,我们将那篇文章的开头改为:"1990年 9 月 9 日是冯康先生七十寿辰,编委会同事向他——中国科学院学部委员、世界著名数学家、敬爱的冯康教授——致以最热烈、最诚挚的祝贺"。其中根本就不提哪一年当教授,哪一年当学部委员(院士),冯康先生这才满意了。

让冯康先生生气的第二个地方是写他"荣获国家自然科学奖二等奖"。国家自然科学奖二等奖对常人而言当然是非常崇高的荣誉,但冯康先生对当年创始有限元方法只获得二等奖一直是非常不满的,他从不隐瞒这一观点。"只要一等,不要二等"是他的性格,他也确实有资格获得国家自然科学奖一等奖。他宁愿写"获得中国科学院一等奖",也不愿写"获得国家二等奖"。最后我们在定稿时索性就不提获奖之事。

后来他的另一项研究成果"哈密尔顿系统的辛几何算法"于 1990 年获得中国科学院自然科学奖一等奖,但在申报 1991 年国家自然科学奖时,尽管在评审过程中一路领先,最后还是二等奖,一等奖空缺!冯康先生听到这一消息后,毫不犹豫立即撤回了申报。这样,直到去世他也没有获得国家自然科学奖一等奖,这是他终生最大的遗憾。一直到 1997 年,冯康先生去世已经 4 年了,我当时是中国科学院计算数学与科学工程计算研究所主管科研和教学的副所长,我和研究所学术委员会主任石钟慈院士一起,又提议为冯康先生申报国家自然科学奖一等奖。我们组织相关研究人员精心准备了申报材料,经过层层严格的评审,"哈密尔顿系统的辛几何算法"终于获得了国家自然科学奖一等奖。这是整个 20 世纪 90 年代十年内仅有的两项一等奖之一。我们研究所的创始人,中国科学计算事业的奠基人和开拓者冯康先生的遗愿终于实现了!

颁奖大会于 1997 年 12 月 26 日(星期五)在人民大会堂召开。冯康先生已经不在了,只能由他的主要合作者、多年的同事秦孟兆研究员代表他上台领奖。所里很多职工从当晚的电视《新闻联播》里看到了国家主席江泽民亲自给秦教授颁奖,无不欢欣鼓舞。他们互通电话,互相贺喜。星期一上班后,全所喜气洋洋,人人兴高采烈,争读报纸,争看照片,纷纷要求立即召开全所庆贺大会。由于所长不在国内，我与阎长洲书记等其他所领导商议后，于12月30日（星期二）召开了研究所"庆获奖，迎新年"茶话会。我主持会议并致开会词，然后请秦孟兆教授介绍了颁奖大会盛况，回忆与江主席等国家领导人亲切会见的情景，接着许多科研人员和管理人员争先恐后作了热情洋溢的发言，最后由我作总结。记得那天我说得最动情的有两段话，一段是我在茶话会开始时说的："获得国家自然科学奖一等奖是冯康院士生前最大的愿望，他一生献身科学，成就卓著，今天，在他去世四年后，终于获得国家给予他的公正评价，他是当之无愧的！我们作为他的学生和同事，也终于可以告慰他的在天之灵！这一成果凝聚了冯康先生生前最后十年的心血，这十年心血没有白费，他的课题组的全体研究人员及有关管理人员的辛劳获得了最有价值的报偿。"另一段则是结束语："一代大师冯康院士已长眠于九泉之下，获奖只能表明过去的成绩。今后我们这个所，这支队伍，计算数学和科学工程计算这门学科，能否继续发展，如何发展，取决于我们自己。全所科研人员和管理人员要学习冯康先生为科学献身的精神，并发扬光大，为国家，为科学事业作出更多的贡献。特别是年轻的同志更是任重而道远！"我至今还保留着写有这两次讲话内容的笔记本，上面的两段话正是逐字逐句从那个笔记本上抄录下来的。

五、论著传世，影响深远

由于冯康先生突然去世，他的研究工作也就突然终止。他留下很多尚未完成的手稿，计划开展的研究课题和撰写专著《哈密尔顿系统的辛几何算法》的提纲。这些都是他留给后人的宝贵财富。在冯康先生去世后，中国科学院计算中心立即组织了《冯康文集》整理编辑组，由石钟慈院士任组长，崔俊芝所长为副组长，成员有：余德浩、秦孟兆、王烈衡、汪道柳、李旺尧。由崔所长出面向冯康先生的家属借来先生的手稿，分工整理编辑。经过近一年的工作，《冯康文集》第一卷于1994年由国防工业出版社出版，第二年又出版了第二卷。

冯康先生留下的手稿包括数十本纸质很差的学生用的练习本，上面写着密密麻麻的蝇头小字。其中有些内容已经包含在已发表或将发表的论文中，也有一些是很零星的内容或刚刚开头的工作。这些练习本被分给整理编辑组成员分头整理。关于边界归化部分的内容由我负责。我在一个练习本的一页上发现有一个公式，后面有几行证明和一个大问号。显然证明远未完成，问号表示这是一个存疑的猜想。这一猜想与我不谋而合，因为我也早想证明这一结果，只是一直没有证出来。这是关于调和问题的自然边界积分算子，即 DtN 算子的一个定理，很有意思，超奇异积分算子的平方居然是一个通常的二阶微分算子。早在 20 世纪 80 年代初我就知道对直线边界或圆周边界这是对的，那么对一般的单连通区域的边界呢？我仔细研究了冯康先生写的几行字，用了几个月时间完成了这一证明，整理成文后以与冯康先生合作的名义联名在《计算数学》期刊发表了，该文同时也收进了《冯康文集》。我还在冯先生的遗物中发现了一张 A4 纸，上面打印了不到半页的英文摘要，这是他去世前一年去香港访问讲学时用的。他在这个摘要中指出："自然边界元与有限元耦合法是当前与并行计算相关而兴起的区域分解算法的先驱工作。区域分解算法可推广到无界区域"。我认为这个结论很重要，应该收入《冯康文集》，但我一直没有找到报告全文，也可能冯康先生根本就没有撰写过全文，而在香港听过他报告的朋友也未记录他的报告内容。于是我只能根据这几行摘要来写文章，该文也收入了《冯康文集》。这一简短的摘要给了我深刻的启示，指导我发展了关于无界区域的区域分解算法。此后我在这一方向发表了一系列论文，也带出了好几个博士研究生，他们中有几位现在已经是大学教授和系主任了。

冯康先生才华横溢，思想活跃，勤于探索，勇于创新。可惜他去世过早，这对中国计算数学的发展确实是难以挽回的巨大损失。他发表的论文数量不多，但影响广泛而深远。他的两卷文集一共才收录了 45 篇论文，其中刊物论文 22 篇，会议论文 12 篇，文集论文（包括在他去世后由他人整理编入文集的文章）11 篇。在 22 篇刊物论文中又有 20 篇是在他本人创办并任主编的《计算数学》及 J. Comput. Math. 等国内刊物发表的，在国外发表的论文只有 2 篇。若按现在流行的评价标准，则其中仅有 1 篇是发表在计算数学方向的所谓国际"顶尖刊物"上的，而该文还是在他去世两年以后才发表的。冯康先生显然从来没有在乎过文章的数量和发表在什么期刊。他把科学研究看作生命，在科学创新的过程中享受着乐趣。他总是在探索，在攀登，在攻关，在创新。他往往在一些会议上将迸发出来的原创性思想和有发展前景的新的研究方向及时介绍给国内外同行。他要去开拓新的研究方向，无暇顾及多写文章，也来不及把整理成果撰写专著排到工作日程中。有多个出版社曾约他写书，他也有过一些写书的计划。但在生前，他仅于 1978 年与多人合作编写了一本题为《数值计算方法》的教材，随后又与石钟慈教授合著了《弹性结构的数学理论》，于 1981年由科学出版社出版。他已为撰写《哈密尔顿系统的辛几何算法》一书列出了提纲并写了若干章节，但他过早离世了，未能完成这一计划。那本书最后由他的长期合作者和追随者秦孟兆教授完成了。在冯康先生逝世十年之际，该书终于由他家乡的浙江科学技术出版社出版了。他的胞弟冯端院士在该书的后记中写道："值得庆幸的是他的学生与早期合作者秦孟兆教授，在冯先生遗稿的基础上，花费 5 年心血，终于实现了冯康的遗愿，出色地完成了这一部著作。它不仅是对学科问题权威性的论述，更重要的是还可以从中窥见一位科学大师学术思想的脉络，从而认识到原创性科学发现如何在中国大地上萌生、开花和结果。"

六、音容宛在，风范长存

1999 年 8 月 17 日恰值冯康先生逝世 6 周年，他的胞弟——著名物理学家、南京大学教授冯端院士在《科学时报》发表了《冯康的科学生涯》一文的第四部分，小标题是《一个大写的人》。此文其实是冯端院士在前一年为纪念冯康先生逝世 5 周年而写的，原计划在另一报刊发表，但因该报编辑担心冯端院士直率的文笔会引起一些争议，被搁置了下来。次年恰好有《科学时报》向我约稿，我就推了冯端先生的那篇文章。在《科学时报》保证一字不改、全文照登的条件下，冯端院士同意由《科学时报》发表该文。由于文章很长，《科学时报》分四次才刊登完。最后一部分刚好在 8 月 17 日见报，可以说非常及时。冯端院士在那一小节里是这样评价他的胞兄的："冯康是一位杰出的科学家，也是一个大写的人。他的科学事业和他的人品密切相关。一个人的品格可以从不同侧面来呈现：在他的学生眼里，他是循循善诱，不畏艰辛带领他们攀登科学高峰的好老师；在他同事眼中，他是具有战略眼光同时能够实战的优秀学科带头人。熟悉他的人都知道，他工作起来废寝忘食，他卧室的灯光经常通宵不熄，是一心扑在科学研究上的人。在 Lax 教授眼中，他是'悍然独立，毫无畏惧，刚正不阿'的人。这个评语深获吾心，谈到了冯康人品中最本质的问题。我想引申为'独立之精神，自由之思想'。在和他七十多年的相处中，正是这一点给我印象最深。他不是唯唯诺诺、人云亦云、随波逐流之辈。对许多事情他都有自己的看法和见解，有许多是不同于流俗的。在关键的问题上，凛然有'三军可以夺帅，匹夫不可夺志'的气概。从科学工作到做人，都贯彻了这种精神。"

在我们这些晚辈面前，冯康先生确实更多地表现出"他是循循善诱，不畏艰辛带领他们攀登科学高峰的好老师"，也是"一心扑在科学研究上，具有战略眼光同时能够实战的优秀学科带头人"。而对比他小四五十岁的更加年轻的一辈人，他更像是慈眉善目的老爷爷。许多年轻人都说冯康先生平易近人，和蔼可亲，但他们也觉得奇怪，为什么所里比他们年长很多的中年科研人员反而很怕冯康先生。冯康先生是性情中人，喜怒哀乐皆形于色。他一生历经坎坷，饱受磨难，但几十年的世事沧桑并未磨去他的棱角。他性格刚强，说话直率，从不隐瞒自己的观点，也不怕得罪别人。

冯康先生有兄、弟各一，还有一个姐姐。他哥哥在美国，弟弟是著名物理学家冯端院士，姐姐在中国科学院动物研究所，姐夫是著名的大气物理学家、国家最高科学技术奖获得者叶笃正院士。他们之间感情深厚，兄弟、姐弟间很随便，均直接以姓名相称。我曾多次在冯康先生家中见到冯端院士，后来在冯康先生去世后的多次纪念会上，听过他的发言。冯端先生对他胞兄的深厚感情溢于言表。他在谈及冯康先生一生历经磨难而矢志不渝时声泪俱下，感人肺腑，令我终生难忘。首次见到冯康先生的姐姐则是在一个非常意外的场合。这里有一个动人的故事。那是在1987年秋，冯康先生应德国斯图加特大学的Wendland教授及柏林某大学教授的邀请，获得德国马克斯·普朗克科学促进学会(简称马普学会)的优厚待遇，访问德国半年，前三个月在斯图加特大学。当时我作为洪堡访问学者，正在斯图加特大学做研究工作，合作者正是Wendland教授。我妻子也和我在一起。我们住在大学的一套客座公寓里。冯先生刚到斯图加特时，由于没有找到合适的住处，就暂时在我家吃住。冯康先生很健谈，我们在一起相谈甚欢。他向我描述了将成立科学与工程计算国家重点实验室的美好前景，还以我熟悉的、资历相当的同行已在国内晋升为正教授激励我，鼓励我结束在德国的访问后回国服务。他本来烟瘾极大，但因为我们不抽烟，他在我家住的一周内没有抽过一口烟。在他访问斯图加特期间，我和我的妻子还曾陪同他参加中国学生学者联谊会组织的活动，去近邻国家瑞士游览。我们从日内瓦、洛桑到伯尔尼，准备经苏黎世回德国。在伯尔尼我们只能停留几个小时，正当我们在一个小公园的小山包上观景照相时，冯康先生突然眼前一亮，他见到他姐姐正风尘仆仆从对面走来，两人都惊喜万分，谁也想不到会有这样的巧遇。他们快步走到一起，兴奋异常，热烈地问候交谈。我赶紧用相机拍下了这宝贵的镜头。他们也就短暂相聚了一二十分钟，因为双方都已安排了紧凑的行程。他只知道他姐姐在美国看望儿子一家，即将回国但不会从瑞士经过。他姐姐也只知道他在德国访问讲学，想不到他会忙里偷闲到瑞士游览。使他姐姐改变回国路径的原因是：叶笃正先生恰好在日内瓦参加世界气象学家大会！后来我把洗印的照片给了冯康先生，背面写了那天的日期：1987 年 11 月 15 日。冯康先生非常喜欢那张照片。后来我多次见到他在一些国际学术会议招待会等场合，拿着那张照片眉飞色舞地向身旁的中外朋友讲述那天发生的"小概率事件"。欣喜之情溢于言表。

2003 年冯端院士在《哈密尔顿系统的辛几何算法》一书的"后记"中是这样写的："现在大家都在谈论科学创新的问题。科学创新需要人才来实现，是唯唯诺诺，人云亦云之人呢？还是具有'独立之精神，自由之思想'之人呢？结论是不言而喻的。科学创新要有浓厚的学术气氛，能否容许'独立之精神，自由之思想'的发扬光大，是科学能否得到创新的关键。冯康虽然离开人间已经 10 年了，他的科学遗产仍为青年一代科学家所继承和发展，他的科学精神和思想仍然引起人们关注、思考和共鸣。他还活在人们的心中！"

美国科学院院士 P. Lax 于 1993 年冯康先生逝世后在 *SIAM News* 上发表了悼念文章，其中写道："冯康的声望是国际性的，我们记得他瘦小的身材，散发着活力的智慧的眼睛，以及充满灵感的脸孔。整个数学界及他众多的朋友都将深深怀念他！"

在冯康老师 90 岁诞辰之际，我曾写了一首词《水调歌头·忆冯康恩师》：

"九九思源日，岁岁忆栽培。当年驾鹤西去，学界起惊雷。报国宏图大展，一代宗师垂范，形象闪光辉。造福全人类，计算显神威。

攻关志，攀登路，凯旋归。奠基开拓，艰险坎坷几多回？首创单元妙法，传世冯康定理，青史树丰碑。任重征程远，留待后人追。"

此后我又写了长诗《冯康之歌》，以表达对恩师的深切怀念。我还为数学院 2019 年的"七一朗诵会"创作了朗诵诗《冯康——妙算神机奏凯旋》，由计算数学所科研人员集体朗诵，其全文如下：

在科学计算的发展史上，
矗立着一座巍峨的丰碑。
在计算数学的研究所里，
有一尊塑像在熠熠生辉。
他是冯康，中国计算数学的奠基人，
传奇人生、攻关拼搏几多回？

他是冯康，中国科学计算的开拓者，
成就卓著、攀登创造凯旋归。
有限元方法意义重大，
丰功造福全人类。
辛几何算法影响深远，
科学计算显神威！
他耕耘于有限单元，
化整为零多智慧。
他驰骋在无穷区域，
边界归化巧外推。
身居陋室，他胸怀天下，
老骥奋蹄，让理想高飞！
提出紧急建议发展科学计算，
在科学的春天里他大有作为。
大型水坝记住了他的名字，
青年学子感谢他辛勤栽培。
科学数据产生于神机妙算，
高效算法需要有创新思维。
他留下了精神财富无比宝贵，
他演奏出生命乐章扣人心扉。
他书写的论著还在造福世界，
他总结的思想依然闪耀光辉！"

谨以此诗结束本文。

纪念恩师冯康先生

袁亚湘

2020 年是冯康先生诞辰 100 周年，所里决定出版冯先生的纪念文集。我正好借此机会写点东西纪念恩师。

冯康先生是一名伟大的数学家、我国计算数学的奠基人和开拓者。冯先生去世之后美国数学会前会长、著名数学家 Peter Lax 曾撰文纪念，对冯先生的工作给予了高度评价。作为冯先生的学生，我没有资格和能力评价冯先生的学术成就，只能通过记录我和冯先生交往中的一些小事，来感谢他对我的培育、提携之恩。

早在湘潭大学读本科时，我就听说过冯康先生的名字。事实上，作为计算数学专业的学生，我在教材、参考书中处处可见冯先生的名字。那时，科学出版社出版了一套《计算方法丛书》，主编就是冯康先生。湘潭大学计算数学方向的各个老师对冯先生的敬仰给我留下了深刻的印象。我由此得出了一个结论：冯康就是中国计算数学界的"神话"人物。

小时候的我没什么雄心壮志，压根没想过将来会在北京工作。对于像我这样一个土生土长在小山村的孩子来说，最理想的状态就是能吃上"国家粮"，在省会城市长沙工作，把父母接来膝前尽孝。由于我在学校的不错表现，不少老师和同学都建议我考研继续深造。但那时湘潭大学刚复校不久，学校急需补充教师团队的空缺，因此学校非常希望把恢复高考后的前两级（77、78 级）中的优秀学生留下来扩充教师队伍。听说，校领导曾决定，在湖南省大学生数学竞赛中取得过名次的都不让考外校的研究生，要求这些同学留校，我就在其列。后来是时任数学系主任的郭青峰据理力争，才说服学校让我们这批学生报考外校，我这才有机会报考冯康先生的研究生。

尽管好事多磨，但好在我很幸运地考取了冯先生的研究生，而且据说是当年中国科学院计算中心录取的八个研究生中成绩最好的。1982 年的春天，我来到北京。在位于玉泉路的中国科学院研究生院报到后不久就来到中国科学院计算中心和所里的领导、老师见面。冯康先生把我叫到他的办公室，和我谈话。他开门见山地问我："小袁，组织上决定让你出国，你是否同意？"我没有主意，就说愿听冯先生安排。他帮我分析了不同选择的优劣，建议我出国学习，最后让我自己决定。我想了想，同意出国。接着，他说了一句让我一辈子都忘不了的话："你要出国就不要学有限元，要学有限元就不要出国！"冯先生的这句话深深地震撼了我。随着时间的推移，这句话不仅没有被我忘记，反而成为我记忆中冯先生的"金句"。当时，他建议我出国学习就应该挑选当时国内实力不强，但在国际上非常重要的学科方向，比如优化。事后，我才了解到，他找我谈话时就已知道我后来的博士生导师——英国剑桥大学的 Powell 教授将到中国讲学。

Powell 教授来中国的访问是应华罗庚、冯康的联名邀请，为英国皇家学会和中国科学院双边项目交流而来，也是作为改革开放之后，华罗庚应英国皇家学会之邀访问剑桥大学后的回访。Powell 教授访问中国科学院计算中心期间，冯康先生专门安排了我给 Powell 教授讲我的大学本科毕业论文《三次样条的最优误差估计》。感谢冯康先生，我人生第一次讲学术报告用的就是英文，而且听众中有这两位顶尖科学家。Powell 教授对我的报告似乎还算满意，当场就同意了冯先生的推荐，答应帮助我申请去剑桥大学跟他学习，攻读博士学位。

在冯康先生的大力推荐和 Powell 教授的大力支持下，我申请出国深造的过程非常顺利，很快就被剑桥大学录取。由于办理出国手续、申请签证等因素，本应 1982 年 10 月入学的我等到当年年底才出国。在我出国之前，冯康先生就已经让我在计算中心的优化组里学习，指定优化组的负责人席少霖老师具体指导我学习相关的优化知识。这也是后来有人误认为我当时是席老师的研究生的原因。甚至在 2009 年我参评中国科学院院士的关键阶段时，有人说我不是冯康先生的研究生，声称我的院士推荐书作假。尽管后来在李大潜院士的帮助下澄清了事实，那一年我还是遗憾落选了。一日为师，终身为父，虽然冯康先生没有具体指导我的研究，但我研究生报考和最后被录取都是冯康先生的学生，这是铁的事实，也是我引以为荣的事实。

在剑桥大学学习期间，我一直和冯先生保持着通信。我会定期向冯先生汇报我的科研进展。冯先生很忙，很少直接写信回复我，而是委托计算中心人事处处长邵毓华老师给我回信，在生活上关心我，在学业上鼓励我。冯先生和中国科学院计算中心对我的关心和支持是全方位的。例如，我刚到英国，中国驻英国使馆文化处的同志就告诉我，中国科学院已经把我的相关材料转到了使馆，请使馆用心培养我，关心我的入党问题。这也让我有幸能在读英国剑桥大学期间加入了中国共产党。1984 年我回国结婚，冯先生参加了我的婚礼。单位有同事私下告诉我说，冯先生对我真好，在他的印象里冯先生之前从未参加过我们单位任何人的婚礼。在这之后，我也没听说过冯先生在其他同事的婚礼上露过面。如此看来，我或许是单位里唯一的一个在婚礼上有幸请来冯先生的人。1985 年，在拿到博士学位之前，我就拿到了剑桥大学 Fitzwilliam 学院 Research Fellow 的位置，可以在剑桥大学工作三年。冯先生对此非常支持，让中国科学院院部直接给中国驻英国大使馆发公函，表示支持我在博士毕业后留在英国在剑桥大学继续工作三年。根据冯康先生的建议，我在剑桥工作的三年里，每年都回国工作一段时间。他要求我不仅在科研上保持国际前沿，也要加强与国内同行的交流和合作，为将来回国打下良好基础。刚开始，我每年的短期回国是中国科学院计算中心资助的。后来，国家启动了博士后计划，冯先生就让我以他的博士后身份每年回国短期工作。这也让我有幸成为我国早期博士后计划入选者之一。1987 年冯先生还让我申请了中国科学院青年奖励基金，并让我出任了由他担任主编的英文期刊 *Journal of Computational Mathematics* 的编委。

1988 年我回国定居之前，冯康先生对我回国后的工作安排也非常关心。他亲自向时任中国科学院院长的周光召大力推荐我。周光召的秘书在给我的信中写道，我回国后可直接被聘为副研究员并领导一个研究组。后来，在冯先生的坚持下，中国科学院计算中心把我的相关材料寄送国内外相关专家审查，在我回国后就即刻聘任我为研究员。28 岁的我成为当时整个中国科学院 8 万多职工中最年轻的正研究员。在 20 世纪 80 年代，职称评审非常严格，正教授的平均年龄不会低于 50 岁。如果没有冯先生的大力支持，以我的年龄和资历，在当时绝不可能被聘为研究员。

我在剑桥大学的工作本是到 1988 年 9 月底结束。冯先生让我提前归国，参加了 8 月份在南开大学举办的"二十一世纪中国数学展望"学术研讨会，让我这个初出茅庐的后生在中国数学界大师集聚的盛会上露面。在冯先生的推荐下，我还在 1990 年参加了香港的亚洲数学大会。现在回想起来，我能深深感受到冯先生当时用尽了苦心来培养我。回国后，冯先生和中国科学院计算中心为我的发展提供了许多帮助。我于 1989 年当选中华全国青年联合会(简称"全国青联")常务委员，并获得中国科学院自然科学奖二等奖，1990 年出任中国计算数学学会理事和中国《当代数学丛书》编委。我的这些荣誉和任职显然是因为有冯先生的推荐，这也说明冯康先生对我的帮助和提携是毫无保留的。1990 年冯先生在筹备"大规模科学与工程计算的方法和理论"攀登计划以及在筹备"科学与工程计算"国家重点实验室时，让桂文庄和我负责起草相关的材料。1991 年攀登计划正式启动，冯先生让我担任"代数与优化"课题组的副组长。"大规模科学与工程计算的方法和理论"攀登计划共有六个课题组，除了我之外，其他的正副组长都是五六十岁的著名学者。1991 年"科学与工程计算"国家重点实验室成立时，冯先生也让我担任实验室副主任。冯先生还积极推荐我申报博士生导师。在那个年代博士生导师要经过国务院学位委员会直接评审。这也使得我有幸在 1993 年成为我国最后一批国批博导的一员。

在我的成长过程中，冯康先生给过我许多建议，常常在大方向上给我指明道路。1988 年我回国工作一年之后，有段时间大家天天忙于写材料，开会汇报思想。冯先生建议我去国外做研究。我联系了美国和德国的学术同行，询问能否去访问一段时间。美国的同行回复将申请科研基金支持我访问，而德国教授建议我申请洪堡基金。我运气很好，几乎同时收到了美国教授和德国洪堡基金的好消息。洪堡基金可以延期执行，于是我选择先去美国访问一年，再回到国内工作半年，之后再去德国访问。这样就不会连续在国外工作太长时间。因为我还是想在国内立足，不愿意在国外永久工作。冯先生在我是否应当担任行政职务这个问题上也给予了建议。作为中国科学院最年轻的研究员，我很自然地被单位列入后备干部的考虑人选。组织上找我谈话之后，我去找冯先生征求意见。冯先生建议我不要进入"第三梯队"，并且告诉我："行政上的事情尽量躲着，但学术上的职务可多参与。"

冯先生对我的提携、给予我的特殊关照太多了，数都数不清。我 27 岁出任 Journal of Computational Mathematics 的编委；28 岁被聘为正研究员；29 岁获中国科学院自然科学奖；30 岁当选中国计算数学学会理事；31 岁出任国家重点实验室副主任；33 岁被评为博士生导师。这些在当时都是非常罕见的，也都是冯先生对我的厚爱。有一次，所里在讨论学科发展，不少老师发言之后，冯先生突然冒出一句："下面我们请老袁讲讲。"这让我非常吃惊,当时单位只有我一个人姓袁,而冯先生叫所里的其他老师,包括那些我的长辈们都是以小字开头或直呼其名。我猜想,冯先生故意在同事们面前叫我"老袁",有意在所里同事中提高我的地位。因为我们单独相处时,他都是称呼我"小袁"。那次之后,我对冯先生说,以后千万不要再叫我老袁,我实在受不起。

冯先生学术水平高,很自然地成为所里乃至全国计算数学界的权威。他对人要求严格、说话严厉,所以很多人都很怕他。有人背后说他是"学霸",他的"霸"是有资本的。由于我只是冯先生名义上的学生,学术上没有直接被他指导,再加上年龄上的巨大差别,所以冯先生对我倒不是那么严厉,甚至有点"宠"我。有一次,所里安排我作个学术报告,冯先生亲自主持,我居然睡午觉睡过头了,迟到了 5 分钟。冯先生居然没有骂我,要是换成其他人我估计会被冯先生骂惨的。另一件事是我刚回国没多久,冯先生就和我谈,让我以他的名义招收博士生,由我具体指导,但是我拒绝了。当时,我年轻气盛,想到在国外的助理教授就可以独立指导博士,我就觉得我作为一名正研究员,招收博士生没必要借他人之名。很久之后我才明白,冯先生是为我着想。如果我有过协助指导博士生的经历,之后在国务院学位委员会申请博士生导师资格会更容易通过。当时我没有按照冯先生的意思做,他也没有责备过我。可见他对我真是包容。

冯先生爱才惜才,对青年人非常关心也敢于大胆提拔。20 世纪 80 年代初,冯先生把从事孤立子研究、还不到 40 岁的屠规彰引进计算中心,直接聘为研究员,使其成为当时整个中国科学院最年轻的研究员(图 1)。屠规彰还在冯先生之后担任了全国人大代表。在冯先生的提议、亲自发起和组织下,1993 年计算中心在北京组织了"华人科学与工程计算青年学者会议"。冯先生作为大会的学术委员主席,亲自遴选大会的报告人。国内外从事科学与工程计算研究的最优秀的华人青年几乎全部被邀请。事实证明,这个年龄段后来在国际科学计算领域作出杰出成就的华人学者,几乎都被邀请参加这次具有历史意义的会议,可见冯先生对学科前沿的了解和对国际人才队伍的熟悉。我和许进超很荣幸地被冯先生指定为大会主席。遗憾的是,冯先生并没有看到这个他为之呕心沥血的会议的召开。他在会议开幕当天永远离开了我们,但是,他将永远活在我们这一代学者的心中。在会上,我们发起倡议和发动捐款,设立了"冯康科学计算奖"。目前该奖已经成为在国际科学计算界具有重要影响力的奖项。冯康这个名字将在国际科学计算界永存！

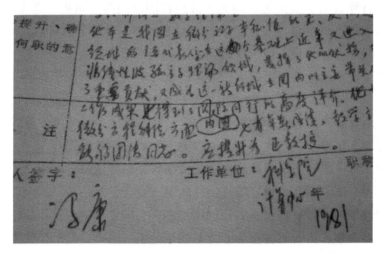

图1   冯康推荐屠规彰担任正教授的推荐意见，1981年

冯先生爱憎分明。他有思想，对很多问题都有自己独特的见解。1992年巴塞罗那奥运会，中国代表团以16枚金牌取得金牌排名第四的好成绩。全国人民都在欢呼雀跃，但冯先生似乎并不高兴。他认为国家花费太多的经费去争夺几块体育金牌，是面子工程，不值。他还私下给我抱怨过，由于他不是党员，计算中心有些重要事情由党委来决定，不一定都会按他的意图作决策。作为一名在英国剑桥大学地下室宣誓入党的老党员，我当然不可能完全赞同冯先生的政治观点。冯先生去世十多年之后，所里在清理已过保密期的老档案材料时，我才在冯先生的档案中看到了他在"文化大革命"期间亲手写的所谓交代材料，一共有十多册、好几百页，里面记录了许多他那段时间的悲惨遭遇以及他违心所写的所谓"认罪"和"检举揭发"。从这些材料可知，冯先生在那段时期遭受了难以想象的摧残和折磨。也是在翻阅过这些材料之后，我才理解了冯先生在当年为什么会有偏右的观点。

冯先生是一个有魅力的人。一大群人在一起闲谈议论时，他往往是核心，引导话题的进行。他口才极好，善于演讲。当年，冯先生在申请科技部攀登计划项目时，通讯评议排名在中段，但经过冯先生口头答辩后就名列前茅了。冯先生的学术报告也讲得非常好，极具感染力。他爱聊天，也善于聊天，也爱拉家常。他不止一次说到，他父亲在清朝最后一次科举考试中中了秀才。言外之意是，如果不是废除科举制度，他父亲极有可能成为举人、进士。显然他对自己家族优良的遗传基因是非常自豪的。

冯先生在国内的知名度远远小于他的国际知名度。丘成桐先生一次在清华大学演讲中说道，中国近代数学能够超越西方或与之并驾齐驱的有陈省身、华罗庚、冯康三人，给了冯先生很高的评价。但是我国公众知道冯康名字的并不多。在国内，有相当一段时间，冯先生的工作没有得到应有的认可。他对其在有限元方面开拓性的工作只被评为国家自然科学奖二等奖一直耿耿于怀。以至于后来他在辛几何算法方面的工作再次被评为国家自然科学奖二等奖时他非常生气地主动撤销了申报。这个项目终于在 1997 年时被授予国家自然科学奖一等奖，此时距离冯先生去世已经四年多了。冯先生的这个"被追认"的国家自然科学一等奖树立了一个太高的标杆，以至于之后很多年国家自然科学奖一等奖一直空缺。在数学领域，二十三年过去了，依然没有出现过新的国家自然科学奖一等奖。冯先生于 1980 年当选了中国科学院学部委员（也就是后来的院士），这也是迟到的荣誉。他曾和我说过，他当选院士，主要是靠物理学家帮忙。他私下不止一次流露过他的不满，他认为他的工作未能得到中国数学界的充分认可。

冯先生在学术上成绩辉煌，但在生活上却非常坎坷。在他第二次结婚之前，他曾和我谈起过他的生活。他说他自己在科学研究上有些成就，但在婚姻上并不成功。他还说，也许正是婚姻上的失败，让他与别人相比少了幸福的家庭生活，才让他能全身心地投入工作。他还开玩笑地说，说不准自己学术上能取得那么大的成就还得感谢生活中的不幸呢！

与冯先生的交往中有两件事让我终生遗憾。第一件事发生于我在剑桥工作时。冯先生给我写信说他要来英国开会，想去剑桥大学参观一下，让我帮着安排。我在学院帮他订了住宿，等他到了也陪着他参观了剑桥的几个主要学院，请他在 High Table 上吃饭，与他在牛顿苹果树下合影(图 2)，也带他去剑河上划船。我当时觉得我已经尽了最大努力，安排也非常完美了。但事后才知道，冯先生其实希望我能安排他在剑桥大学作个学术报告。对于像冯先生这样的著名学者，在著名学府作学术演讲比起参观景点要重要多了！现在回想起此事，我觉得我当时真是太傻了。第二件事发生在冯先生临终之前。冯先生去世前的那几天，他已经不能说话，但似乎神志还很清楚。所里安排同事们轮流在北医三院陪床。有一个晚上是我负责陪护。我坐在床边，通过抚摸冯先生的手和胳膊和他打招呼。冯先生全身都不能动弹，但他食指头却总在我的手背上划圈。当时，我没多想，以为这是冯先生对我抚摸他的回应。最近，国内电视台经常放谍战连续剧，有一天我突然想到，冯先生当时是不是想和我说点什么？我当时为什么没有想到拿支笔给冯先生，看他是否想写点什么？每每想起此事，我都觉得我当时真是太笨了。

图 2　与冯先生合影于剑桥大学三一学院"苹果树"前，1987 年

我曾设想过，如果冯先生能多活几年，我的人生轨迹也许会与现在大不相同。中国科学院计算中心的命运也许不会那么早就终结。中国计算数学界后来的发展也许会很不一样。

冯先生是一位传奇人物，可惜他过早逝去，否则他本人在国内外学术上的影响也会更大。在他去世前，他已经收到了 1994 年国际数学家大会的邀请，去作 45 分钟的邀请报告。如果成行，他将在国际数学家大会上作第二次邀请报告，因为他在 1983 年华沙国际数学家大会上已经作过一次邀请报告了。一个数学家能在国际数学家大会作邀请报告已经是很高的荣誉，作两次邀请报告则非常罕见。可见冯康先生关于辛几何算法的工作得到了国际同行的高度认可。冯先生去世前还被美国同行推荐去参评美国科学院外籍院士。很遗憾，由于突然离世，他没能得到这些原本属于他的荣誉。

　　白驹过隙，冯先生逝去已近二十七年。每当我看到所里一茬茬的研究生毕业，我都会感叹冯先生开创的事业后继有人。在科学与工程计算国家重点实验室的大厅里，冯先生的头像和手稿静静地坐落着，象征着他在计算数学界的不朽传奇。冯先生虽然离开了我们，但他永远活在我们心中！

怀念冯先生

尚在久

1991 年我在中国科学院计算中心获得博士学位，在博士论文致谢中我写道：

"自 1988 年 11 月跟随冯康教授攻读博士学位以来，我一直都承蒙他的精心指导。三年以前，辛几何、哈密尔顿系统及其计算方法对我来说都是一些完全陌生的概念，是在冯先生的引导和培养下，我才能够得以尽快熟悉这几方面的基本知识，逐步深入到这个既有丰富的现有内容又有广阔的发展前景的研究领域，并且做了一些初步的研究工作。就本文来讲，从选题到完成，都凝结着他的智慧和心血。在这里，我向他表示衷心的感谢！"

"不仅仅如此，对我来说，冯先生给我的教诲和影响是终身的。从他的身上，我了解到了一个真正科学家所具备的素质：扎实的科学基础，渊博的科学知识，敏锐的科学洞察力和直觉能力。他的好学善思、勤奋努力、献身科学的精神和踏实严谨、一丝不苟的治学作风更是我学习的榜样。"

这些文字发自肺腑，但成为仅有的冯先生曾看见过的我对他的致谢。在我博士毕业之后的两年，即 1993 年 8 月，冯先生突发意外去世，那时我在中国科学院数学研究所做博士后还未出站，仍然参加他每周一次的讨论班，继续他的课题研究，经常单独去他家里讨论问题，交流很频繁。他的意外离世，让我感觉自己像断了线的风筝一样不知往哪儿飘荡。习惯了他的指导和与他交流，自己还不完全独立，他去世后很长一段时间我感到孤独无助，时常觉得彷徨和悲伤。我突然发现他对我是那样重要，心中充满了感激，但遗憾的是纵有万千感恩也没有机会再向他表达。

2016 年作家宁肯先生采访过我两次，他的著作《中关村笔记》以及他与汤涛院士撰写的《冯康传》采用了这两次采访的材料，其中叙述过的事件在此我尽量不再复述。我特别感谢我的工作单位中国科学院数学与系统科学研究院的安排和宁肯先生的采访，在那两次采访中我回忆了我与冯先生之间的一些师生情节，也因此有机会表达多年来我对他的怀念。值此先生百年诞辰之际，就我在冯先生指导下完成的几篇论文的发表和学术交流情况做点介绍，也算是向先生作一个汇报。

我于 1991 年 7 月完成博士论文答辩，8 月进入中国科学院数学研究所博士后流动站。我的博士论文研究哈密尔顿系统的 KAM 定理和辛算法的稳定性，博士后期间研究保体积算法。冯先生去世前，这两项工作都已完成，让我感到遗憾和难过的是冯先生没有亲眼看到发表的论文，尽管论文的主要结果他都很清楚。因为解决的都是冯先生自己提的问题，我感觉他比较重视这两项工作，还是认可我的，比如我在博士后期间就作为 16 位青年成员之一参加了他主持的第一批国家攀登计划项目"大规模科学与工程计算的方法和理论"（1992—1996）。当时哈密尔顿系统的辛算法已经获得中国科学院自然科学奖一等奖，之后上报国家自然科学奖一等奖但被评奖委员会推荐为二等奖，冯先生毫不犹豫放弃了。那时冯先生提出了更宏大的构想：构造保持微分方程更广泛几何结构和物理守恒律的数值方法或者叫保结构算法，他取名为"动力系统几何算法"，我参加的正是攀登计划项目的"动力系统几何算法"课题组。现在回想起来，那真是一段黄金岁月，冯先生不断提出新的问题，在他的带领下大家干劲很足，取得了多个重要结果，比如发展了切触系统和保体积系统的生成函数理论及相应的哈密尔顿-雅可比方程，给出了切触系统的切触算法和无源系统保体积算法的一般性构造方法，提出了可分系统、可逆算法（西方学者其后称之为对称算法）和共轭格式等概念并给出了保持李代数-李群结构对应关系的显式数值格式以及高阶可逆格式的一般性构造方法，建立了形式向量场和形式相流的理论等，这些都是动力系统几何算法的奠基性工作。正当我们进入总结成果、扩大战果的阶段，冯先生突然去世了，动力系统几何算法这个刚刚诞生的方向失去了一位强有力的学术领头人，整个方向在中国的发展受到很大影响。而在西方这一方向受到几位重量级数值分析学家的重视，很快掀起新的研究热潮，被称为几何数值积分（geometric numerical integration），影响日盛。从 1995 年开始，每两年一次的美国工业与应用数学学会的 Dahlquist 奖多次授予几何数值积分方面的工作，颁发这个奖的国际会议大多数报告是关于几何数值积分的。回想三十年前，冯先生经常跟我们说："这是一个非常有发展前景的方向，现在刚刚开始，你们还看不清楚，二十年或三十年后必然会成为一个重要方向。"今天他的预言实现了,一个标志性事件是 2018 年的国际数学家大会就有一个几何数值积分的一小时报告和一个辛算法应用的一小时报告。特别地,C. Lubich 的报告"动力学、数值分析和几何"体现了冯先生的核心思想,尽管没有充分引用冯先生的原文。

冯先生在世时,我比较热衷于做问题,写文章的积极性不高。自己写作水平差,而冯先生要求又很高,做出一个结果,受到冯先生的表扬我就感到特别满足,总拖着迟迟不写,怕达不到他的要求。我博士论文的发表就经历了一些曲折。我刚到数学研究所做博士后时,把博士论文的主要结果整理成一篇英文文章,题为《哈密尔顿系统辛算法的 KAM 定理》,署上冯先生和我的名字拿给他看。他说文章太长,没时间检查细节,让我写一个摘要给他。我写好摘要到他家里,他当面与我讨论并很仔细地帮我修改,然后让我自己独立投稿发表。因为我的硕士论文是在美国的《微分方程杂志》发表的,而且这个杂志发表过哈密尔顿系统和 KAM 定理的文章,我遵照冯先生的意见单独署名投稿了。但是几个月后收到主编 J. Hale 的拒稿信,原因是文章涉及算法分析,审稿人的意见不支持在《微分方程杂志》发表。我很郁闷,去找冯先生聊天,心里不服气想给主编写信申诉,冯先生不同意,让我多从论文写作方面找问题,多花点功夫修改论文,也可考虑把 KAM 定理的理论部分和数值分析部分写成两篇文章分别投稿。当时冯先生的兴趣主要在构造保持更广泛几何结构的算法问题方面,他自己在辛算法的基础上利用生成函数成功构造了切触系统的切触算法。他在讨论班多次讲到下一个重要问题是构造无源系统的保体积算法。他讲到,E. Cartan 于 1904 年证明了无穷维向量场李代数有六类简单子代数,其中就包括三类具有重要物理背景的向量场子代数:偶数维空间的哈密尔顿向量场构成的子代数、奇数维空间的切触向量场子代数和一般维数空间的无源向量场子代数,它们对应的无穷维局部李群分别是辛微分同胚群、切触微分同胚群和保体积微分同胚群。他说动力系统几何算法的基本原则是构造数值算法应该保持向量场李代数和相应李群的对应,即如果微分方程是由某李代数中向量场定义的,那么构造数值格式应该使其步推映射属于相应的李群。基于哈密尔顿系统的辛算法和切触系统的切触算法的构造成功,冯先生坚信应该有办法针对一般的无源系统构造保体积格式。因为他多次在讨论班上提起保体积算法的构造问题,从多个方面阐述这个问题的难度,因此我就比较上心了,集中心思做起保体积算法的问题,把博士论文的修改和投稿一事就放之脑后了。没想到这一放就是好几年。不过好在保体积算法方面的研究有了突破。首先,我成功给出了保体积映射的生成函数表示和无源系统的哈密尔顿-雅可比方程(这也是冯先生在讨论班提到的一个难题),给出了保体积算法的一个一般性构造方法;其次,在冯先生指导下,我得到了无源向量场的一个本性二维的哈密尔顿分解,由此基于向量场的分裂-组合方法给出了保体积算法的又一个一般性构造方法。

冯先生去世后,我必须独立撰写论文了。过去实在太拖沓,感觉对不起冯先生。关于保体积映射的生成函数表示以及基于这个表示的保体积格式的构造,我自己写了两篇文章分别投到《中国科学 A 辑(英文版)》和《计算数学(英文版)》,于 1994 年发表了。算法构造的那篇短文在冯先生在世时就写好了,他看过后同意我投稿。另一篇是在冯先生去世后我写好的。基于无源向量场的本性二维哈密尔顿分解构造保体积算法的工作,冯先生早在 1992 年召开的几个国际会议上就报告过,主要结果收录在了会议文集(1993 年发表)和冯先生与汪道柳合作的一篇综述文章(1994 年发表)里。本来我们说好联名发表全文,由他拟一个提纲,并且写一个引言,我补充文章细节。但因为冯先生一直很忙,直到他突发意外离世这篇文章都一直没有动笔。他去世后我只好自己撰写。因为在他生前我们就这篇文章有过较多讨论,我自己也有详细的笔记,基本沿着冯先生的思路,很快就写好了。我投稿给德国的《数值数学杂志》编委 E. Hairer,他与 G. Wanner 的著作《求解常微分方程组》刚刚出版,其中有一节专门介绍辛算法,我希望他来处理这篇文章,此前我跟他没有过任何交流。审稿过程很顺利,E.Hairer 对论文结果和写作的评价都不错,只是要求我增加几篇引文,特别建议增加 W. G. Strang(麻省理工学院教授,著名数值分析学家)于 1968 年发表的一篇关于偏微分方程差分方法的文章,审稿意见说 Strang 教授在这篇文章中就已经提出先把向量场分裂然后再把各个分裂向量场的相流进行组合的思想构造时间积分子。我自己不知道 Strang 的工作,也从没听冯先生提起过,在我们的讨论班上大家熟知的是日本学者 M. Suzuki 和 H. Yoshida 基于 BCH 公式和分裂-组合思想构造辛算法并提升格式的阶,秦孟兆教授带领学生和汪道柳也分别用这种方法构造辛格式和其他保几何结构的格式,发表了不少文章,我和冯先生的这篇文章在二阶和高阶对称保体积格式的构造中也引用了秦老师等的结果。需要说明的是,Strang 的工作只是针对分裂后每一个分裂向量场的欧拉显式积分等于相流的特殊情况。在哈密尔顿系统以及一般李代数中向量场定义的系统,Strang 考虑的这种特殊情形冯先生和汪道柳于 1992

年详细讨论过,但我们的问题是必须保证每一个分裂向量场还在向量场所在的子代数中!冯先生和汪道柳的论文中称具有这种分裂性质的系统为"可分系统"。对于可分系统,Strang 的一阶格式以及 Suzuki 和 Yoshida 的高阶格式都是保持李代数-李群结构的格式。但一般的无源系统不是可分系统,我们得到的本性二维哈密尔顿分解,其分裂向量场的相流是保体积的,但其欧拉显式积分公式仅仅是相流的一阶逼近,不保体积,因此采用这种分裂得到的 Strang 一阶格式不是保体积格式。我们对每一个本性二维哈密尔顿向量场,在相应的辛坐标平面上应用辛格式(比如辛欧拉格式,冻结其他坐标)自然可以构造一个保体积格式,再通过组合就得到了整个系统的一个一阶保体积格式,利用 Suzuki 和 Yoshida 的组合思想和秦孟兆等的结果,可以构造任意高阶甚至对称的保体积格式。由于冯先生去世,我自作主张同意审稿人意见把 Strang 的文章列在参考文献中。我在致谢部分做了说明,声明由我自己承担责任。在 2002 年由施普林格出版社出版的 E. Hairer, C. Lubich, G. Wanner 合作专著《几何数值积分:常微分方程的保结构算法》中,在介绍我们的保体积算法时,把我们的构造说成是通过 Strang 分裂得到的,我认为比较牵强,"Strang 分裂"根本不体现冯先生保持"向量场李代数-相流李群对应"这一几何结构的思想。不过我感到安慰的是,作为冯先生开创的动力系统几何算法的代表性基础算法之一,无源系统保体积算法的工作总算全部被接受发表了。冯先生生前对我们合作的这个工作应该是满意的,因为当结果刚刚出来时,他很高兴地第一时间就在讨论班上亲自做了详细介绍,之后也在几个国际会议上作了报告。相比之下他对我发展的保体积映射的生成函数和在此基础上构造的保体积格式的工作没有表现出这么大的热情。Lubich 曾问我:你们是如何想到把无源系统分解成本性二维哈密尔顿系统的?这确实是冯先生和我的这个合作工作的关键突破点,我在宁肯先生的采访中有过具体的细节性交代,这里就不再重复了。

保体积算法的一个重要应用是不可压流体的长时间计算,这也是冯先生研究保体积算法的一个出发点。冯先生去世后,我自己曾与一些流体计算的朋友交流,他们都说保体积格式是隐式的,在流体计算中没用。2010 年,许进超教授找我交流,当面向我推导不可压流体在拉格朗日质点描述下时间积分格式稳定的必要条件是格式保体积,因此计算不可压流体的动力学问题必须用保体积格式,这与冯先生的看法一致。我问许教授隐格式问题是不是一个很大障碍,他说这不是问题,他有一套办法处理隐格式问题。与许进超教授的交流给了我很大的鼓舞，增强了我继续研究保体积算法的信心。

1994 年，数学研究所推荐我申请中国科学院与德国马普学会的合作交流项目，我有机会去德国访问一年。我先后联系过两位教授，他们或者长期生病不能上班或者在外学术休假不能接待我，最后我联系了马普数学研究所。所长 F. Herzebruch 教授热情地接受了我的申请，我在曼海姆歌德学院学了四个月德语后于 1995 年 10 月 1 日开始了在位于波恩的马普数学研究所为期一年的访问生活。当时俄罗斯数学家 A. T. Fomenko 教授在马普所做长期访问，我参加他的可积系统和辛几何的活动，讨论可积系统的拓扑分类和奇点处动量映射的结构，他也关心离散化的问题，这期间我完善和修改了我的博士论文。我遵照冯先生几年前的建议，把辛映射 KAM 定理的结果单独成文，题目为《关于辛映射 KAM 定理的一个注记》。这篇文章把我的博士论文中只针对解析辛映射的结果推广到可微映射，同时得到了不变环面的光滑分层结果，把 V. F. Lazutkin（属于 V. Arnold 学派）和 J. Pöschel（J. Moser 的学生，1992 年访问过中国科学院数学研究所）的相关结果推广到一般的扭转辛映射，并得到保证不变环面存在的关于相关重要参数的扰动估计（实际上在某种意义下是最优的）。这个估计能够被用于证明小扭转辛映射的不变环面和辛算法应用于一般可积系统时数值不变环面的存在性并得到与连续系统不变环面的逼近结果，后面这部分我另外单独成文，题目为《哈密尔顿系统辛算法的 KAM 定理》。我自己也觉得这两篇文章比当初投在《微分方程杂志》那一篇文章好多了，内容更丰富，结果更完善，结构更清晰，更有针对性。回国后我把这两篇文章分别投到美国的《动力系统与微分方程杂志》和德国的《数值数学杂志》，前者我直接投给主编 G. Sell 教授，后者我再次投给 E. Hairer 教授。经过较长时间的审稿，这两篇文章分别于 2000 年和 1999 年正式发表了。

在马普数学研究所访问期间，我与冯先生合作的保体积算法的文章发表了。我写信给 E. Hairer，想在回国前去日内瓦大学访问他。Hairer 很高兴地邀请了我，表示对冯先生和我关于无源系统保体积算法的工作印象深刻。我在日内瓦待了三天，作了一个报告，介绍了无源系统保体积算法的两种构造方法。报告结束后 Wanner 幽默地说："我们今天太赚了，一次听了你两个报告。"在 Wanner 的办公室，我看到墙上还挂着 1992 年北京国际会议的海报，他说那次会议以及会议期间与冯先生的个别交流对他至关重要，他和 Hairer 的研究基本都转到辛算法和几何数值积分方向了。那时 Hairer 已经发表了分块辛算法后向分析的 P-级数表示的文章，Wanner 很骄傲地说，这个问题是他从北京回到日内瓦后建议 Hairer 做的。当然 Hairer 所称的后向分析理论就是冯先生几年前发展起来的形式向量场和形式相流的理论，冯先生给出了任何一个辛算法其形式哈密尔顿函数关于时间步长的幂级数各项系数的递推展开公式，Hairer 的工作是把此幂级数表示为 P-级数。回顾 20 世纪 70 年代初 Wanner 和 Hairer 完善了新西兰著名数值分析学家 J. Butcher 为更方便刻画一般龙格-库塔方法的阶条件而发展起来的根树理论，建立了著名的 B-级数的系统理论，之后又推广得到分块龙格-库塔方法（如处理二阶微分方程的 Nyström 方法）的 P-级数表示，Hairer 的上述工作是他们过去工作的辛算法版本。值得一提的是，龙格-库塔方法的 B-级数和分块龙格-库塔方法的 P-级数都有相应的复合恒等式，这个复合恒等式自然决定了 B-级数和 P-级数的群结构，Wanner 和 Hairer 称之为 Butcher 群。令人惊奇的是，由研究龙格-库塔方法发展起来的 Butcher 群与前几年量子场论的重整化问题和在 20 世纪 40 年代研究流形的拓扑分类时发展出来的 Hopf 代数有着意外的深刻联系，几年前很是火了一阵子。几何算法的 B-级数和 P-级数自动保持向量场李代数和相流李群的对应关系，是冯先生的形式向量场和形式相流的根树表示形式。

日内瓦的首次访问，让我也结识了 Hairer 一家。当时还是日内瓦大学数学系本科生的 Martin Hairer 开车去酒店接我到他家吃饭，在我眼里那车很高档，以为是 Ernst Hairer 买的，结果女主人 Evi Hairer 告诉我说那是 Martin 自己打工挣钱买的，从中学开始 Martin 就利用业余时间为软件公司写程序挣钱了，当时感觉这个小青年真是不同凡响，没想到十八年后他竟然拿了菲尔兹奖。

从日内瓦回到波恩以后，我很快结束马普数学研究所的访问回国了。1998年 Hairer 和 Wanner 再次邀请我访问日内瓦。他们申请到了一笔瑞士国家科学基金，可以提供我往返机票和在瑞士三个月的生活津贴。那时我正一个人做研究，无聊得很，也很愿意与他们几位同行交流，另外女儿才一岁，请了人照看，生活比较拮据，还能挣点钱补贴家用，于是我很高兴接受了邀请。我去日内瓦后发现，他们正和 C. Lubich 合写几何数值积分的书，办公桌上摆满了书稿和各种文献资料。实际上之前他们已经为研究生开过这门课了，有了一个初步的讲义挂在网上，这次他们收集了几乎所有的相关文献详细研读，也经常有人来日内瓦作报告，那里已然成了一个学术交流中心。当时我关于辛算法 KAM 定理的文章投在《数值数学杂志》已经很久了，但没有消息。我在日内瓦作了三个报告，详细介绍了哈密尔顿系统、辛映射和辛算法三种情况的 KAM 定理及其证明。访问结束，我的文章也被接受发表了。那次访问我又整理了一篇文章，这篇文章解决了辛算法计算不变环面时的步长共振问题和非共振步长的选取问题，证明了对于丢番图频率的不变环面，保证数值不变环面存在的步长构成一个无处稠密的闭集，且在实数轴的原点处密度为 1，计算不变环面时可供选择的时间步长的集合的这种复杂结构反映了哈密尔顿系统拟周期动力学计算的本质现象，一般情况下不可避免。可积系统的离散化在相空间和时间步长空间都呈现量子化现象，具有康托尔谱结构，这是一个复杂但有趣又体现本质特性的现象，因此哈密尔顿系统辛算法的稳定性是一个很微妙的问题，目前的数值分析研究对这个问题的认识还很肤浅。文章中我以注记的形式比较详细地讨论了各相关问题。我把文章投到《非线性》杂志，通讯编委是意大利天体力学和 KAM 理论专家 G. Benettin 教授，文章很快被接受，于 2000 年发表。其实这篇文章的基本结果已经包含在了我几年前的博士论文中，这次把问题展开进行了详细讨论。至此我的博士论文的主要结果才算全部发表，对冯先生的内疚之情也减轻了一点。2002 年在施普林格出版社出版了 Hairer, Lubich, Wanner 合作的专著《几何数值积分——常微分方程的保结构算法》，比较全面系统地介绍了几何算法的主要结果，特别设有一章介绍哈密尔顿系统的扰动理论和辛算法的 KAM 定理，我的工作成为那一章的主要结果之一，这个结果 Lubich 在 2018 年国际数学家大会的演讲和报告中提到了。2003 年秦孟兆教授执笔撰写的他与冯先生合著的中文专著《哈密尔顿系统的辛几何算法》由浙江科技出版社出版，主要介绍了冯先生课题组的工作，但没有讨论哈密尔顿系统和辛算法的稳定性。2010 年浙江科技出版社和施普林格出版社联合出版了英文版，扩充了很多内容，秦孟兆教授邀请我撰写了辛算法的 KAM 定理。以 Hairer, Lubich, Wanner 以及冯康、秦孟兆为作者的两本英文专著是迄今为止最全面系统介绍动力系统几何算法的著作，影响较大。

在 1998 年访问日内瓦期间，Wanner 教授介绍我顺访了苏黎世联邦工业大学（简称：苏黎世高工）。接待我的 U. Kirchgraber 教授向我介绍了 1987 年冯先生访问苏黎世高工的情况，他说冯先生的那次报告很成功，报告会后 Kirchgraber 教授建议当时的研究生 F. Lasagni 考虑龙格-库塔方法中是否有辛算法，结果很快就证明了由高斯-勒让德插值公式得到的龙格-库塔方法就是辛算法，而且给出了龙格-库塔方法是辛算法的充分必要条件：稳定矩阵 $M = 0$!

这是与西班牙的 J. M. Sanz-serna 和俄罗斯的 B. Suris 几乎同时独立发表的一个重要结果。值得一提的是，Lasagni 用的就是冯先生的生成函数法，他把龙格-库塔辛算法的生成函数都写出来了!在文章的致谢中作者特别感谢了冯先生。可惜研究生毕业后 Lasagni 去了银行工作，完全脱离了研究。在下午的报告会上，我很意外的是著名的 J. Moser 教授（KAM 理论的创建者之一）也去听了我的报告，而且坐在最前排。报告会后，Moser 教授把我单独叫到他的办公室，花了半个小时给我介绍他与 M. Levi 合作的还未发表的平面扭转保面积映射不变闭曲线的存在性的变分证明，证明方法也适用于小扭转情形，可以应用于辛算法。那时 Moser 教授已经生病，脸色苍白，但精神状态看上去很好，谈吐优雅。他一丝不苟地在黑板上做着推导，很令我感动。这是我第二次见到 Moser 教授，第一次是几年前他在波恩大学作报告，当时在科隆大学做洪堡学者的尤建功和我一起听了他的报告，我们有过很短暂的交流，Moser 教授跟我提起他与冯先生有过通信交流。Moser 教授和 A. P. Veselov 于 1991 年发表过一篇离散拉格朗日系统的文章，目的是解决刚体运动等带自然约束的动力学问题的保约束的离散化，特别导出自由刚体运动的可积离散。这比 J. Marsden 等于 1997 年提出变分积分子早了很多年，是一个先驱性工作，同时也开创了可积系统的可积离散化的研究。一年后我再次访问日内瓦，但那时 Moser 教授已经去世，再也不能见到他了，令我伤感。

　　2006 年，C. Lubich 与 G. Wanner, E. Hairer, A. Iserles, M. Hochbruck 一起在德国黑森林数学研究所组织了一个"几何数值积分"研讨会，我被邀请参加并作了一个报告，1998 年和 2005 年我曾两次访问过 Lubich。我的报告题目是《辛算法的线性稳定性》，特别献给冯康和 Dahlquist 两位已故前辈。我的报告结束后，西班牙的 J. M. Sanz-serna 教授（1994 年他在国际数学家大会上作过关于辛算法的 45 分钟邀请报告）跟我说，他自从当校长后多年没参加这样的学术会议了，他对我的报告内容印象深刻，也认为辛算法的稳定性是一个很深刻的问题，哪怕线性稳定性也值得深入研究。Wanner 特别赞赏我的报告把冯先生和 Dahlquist 两位前辈联系在一起，说他们两位是他敬仰的大师（master）。Wanner 教授告诉我，1992 年冯先生曾邀请他参加在北京举办的"微分方程和动力系统计算国际会议"，会议期间，Wanner 专门约冯先生单独聊了半个小时，冯先生向他介绍了关于辛算法和动力系统几何算法的整体构想，他印象至深。那个会议和那次聊天促使 Wanner 和 Hairer 决心转向辛算法的研究。十年之后，日内瓦大学以及以 Lubich 为代表的德国图宾根大学成为冯先生去世后辛算法和动力系统几何算法的一个重要研究中心，产生了 Lubich 这样一位国际数学家大会一小时报告人。Wanner 的大师之说言之有物，冯先生作为一名科学家的个人魅力和学术影响力令人钦佩。

冯先生曾两次提出让我回计算中心工作。1993 年，他在西安交通大学为全国暑期研究生班主讲哈密尔顿系统的辛算法，指定我做他的助教。他讲完三周课提前回北京了，我则呆满一个月完成课程后期的辅导和考试。在他回北京前的那个晚上冯先生把我和我爱人叫到他的房间聊天，特别要求我博士后出站回计算中心工作，我基本同意了。但是没想到他回到北京后因为太过操劳突发事故去世，而数学研究所早在上一年度就决定我可以留所工作，因此我于 1993 年 9 月起自动留在数学研究所工作了。早在 1992 年数学研究所副所长邵秀民研究员通知我所里的决定后我就立即报告了冯先生，当时冯先生跟我说博士后出站还早，不急于做决定。回想在我博士毕业前为解决与爱人团聚问题想在毕业后做博士后，当我跟冯先生谈起我的想法并请他为我写推荐信时，他说本来想推荐我留计算中心工作的。原来他一直想让我在他身边——每念及此，心中充满了温暖和感动，但同时又很内疚：没有为他的事业更积极地去努力拼搏。

冯先生去世后，中国科学院计算中心组织编辑了《冯康文集》，于 1995 年出版。1997 年"哈密尔顿系统的辛几何算法"在他去世后四年被授予国家自然科学奖一等奖。冯先生以及他带领课题组完成的某些开创性研究成果终获国家认可，作为他的学生和这个课题组的一员，我为此感到欣慰。在冯先生百年诞辰之际，很欣喜地看到他开创并倾注了晚年全部心血的动力系统几何算法这一方向终于产生了较大的国际影响，我祝愿这一方向能够在中国有更好的发展！

学 界 同 行

纪念冯康先生

P. Lax
（原载 *SIAM NEWS* 26 卷（93 年）11 期）

Feng Kang, China's leading applied mathematician, died suddenly on August17, in his 73rd year, after a long and distinguished career that had shown no sign of slowing.

Feng's early education was in electrical engineering, physics, and mathematics, a background that subtly shaped his later interests. He spent the early 1950s at the Steklov Institute in Moscow. Under the influence of Pontryagin, he began by working on problems of topological groups and Lie groups. On his teturn to China, he was among the first to popularize the theory of distributions.

In the late 1950s, Feng turned his attention to applied mathematics, where his most important contributions lie. Independently of parallel developments in the West, he created a theory of the finite element method. He was instrumental in both the implementation of the method and the creation of its theoretical foundation using estimates in Sobolev spaces. He showed how to combine boundary and domain finite elements effectively, taking advantage of integral relations satisfied by solutions of partial differential equations. In particular, he showed how radiation conditions can be satisfied in this way. He oversaw the application of the method to problems in elasticity as they occur in structural problems of engineering.

In the late 1980s, Feng proposed and developed so-called symplectic algorithms for solving evolution equations in Hamiltonian form. Combining theoretical analysis and computer experimentation, he showed that such methods, over long times, are much superior to standard methods. At the time of his death, he was at work on extensions of this idea to other structures.

Feng's significance for the scientific development of China cannot be exaggerated. He not only put China on the map of applied and computational mathematics, through his own research and that of his students, but he also saw to it that the needed resources were made available. After the collapse of the Cultural Revolution, he was ready and able to help the country build again from the ashes of this selfinflicted conflagration. Visitors to China were deeply impressed by his familiarity with new developments everywhere.

Throughout his life, Feng was fiercely independent, utterly courageous, and unwilling to knuckle under to authority. That such a person did survive and thrive shows that even in the darkest days, the authorities were aware of how valuable and irreplaceable he was.

In Feng's maturity the well-deserved honors were bestowed upon him—membership in the Academia Sinica, the directorship of the Computing Center, the editorship of important journals, and other honors galore.

By that time his reputation had become international. Many remember his small figure at international conferences, his eyes and mobile face radiating energy and intelligence. He will be greatly missed by the mathematical sciences and by his numerous friends.

纪念计算数学大师冯康先生

曾庆存

冯康院士是世界著名的计算数学大师，我国计算数学的主要奠基者之一。还在 20 世纪 50 年代，我对他就仰慕殊深，当时国家选派我们这些年轻人到苏联留学，读研究生，我跟苏联科学院基别尔（Kibel）大师学大气动力学和数值天气预报理论，要求掌握偏微分方程理论和新兴的计算数学理论方法，其中广义函数和索伯列夫（Sobolev）空间理论，以及高等分析及计算方法是必须学习和掌握的。这对我这个非数学系出来的大学生来说，需要特别刻苦用功。学习过程中得知国内的冯康先生曾在苏联留学过且在广义函数论方面很有专长，极想回国后多向冯先生请教学习。

1961 年回国后我被分配到中国科学院地球物理研究所气象学研究室，跟赵九章、叶笃正、顾震潮、陶诗言诸先生学习和工作，他们住在中关村邻近的两个楼里，我经常到他们家里请教，很巧的是冯康先生和田方增先生、吴新谋先生等数学家也住在那里，有机会见到这些数学家，方知冯康先生主要精力放在研究计算数学和创建我国的计算数学学科，而吴新谋先生和田方增先生分别致力于偏微分方程和泛函分析理论，这些也都正是数值天气预报发展所必须研究的内容。赵九章先生本是学理论物理的，也精通数学，提出气象学要现代化就必须"数理化和工程化"的著名主张，必须有数理理论的严密思维和工程技术的作业方法。叶笃正、顾震潮、陶诗言诸先生也极力提倡搞气象科学的人要多向搞数学的人学习。于是我有较多机会和冯康先生等接触、请教，特别是冯康先生，他三样都精通。向他们请教，使我受益良多，使我后来能较自如地运用新的数学理论和方法，来解决大气科学发展中的新问题。例如，搞数值天气预报和遥感理论所碰到的偏微分方程和积分方程的理论和数值计算问题。

有一件事应该一提。1978 年前后，为了使大气动力学和数值天气预报建立在严谨的数学物理基础上，我在写一本专著，其中一章是讲球面上的泛函空间，具体地说是应用广义微商和索伯列夫嵌入定理，我没有用索伯列夫本人使用的引入非尼函数的方法，而是直接使用正交基的方法，因为对于球面这样很光滑正规的几何空间，又已有球函数等正交基，比较熟悉和易于切入。我冒昧地将这厚厚的一章书稿请冯康先生审阅指正，他非常认真地审阅了，称赞一番，并说具体问题具体分析，对于特定的具体应用问题是可以且应该找到专门适用情况的妙法，不必拘泥于普适的数学方法，这给予我很大的鼓舞。

我还有幸和冯康先生这样的著名学者前辈们一起受到表彰，1979 年被选为全国劳动模范，住在一起，开会在一起，既言笑甚欢，还能交流各种科学研究的心得体会，享受着"科学的春天"的阳光和清新空气，这无疑是新时期党和国家对科技界和知识分子的重新肯定、高度重视和殷切希望，大家都很感激。

大概是 1983 年起，冯康先生肩负起发展我国计算数学与大规模科学和工程计算的重任，领导计算研究所，创办计算数学与科学工程计算实验室。我则于 1984 年中接到老前辈叶笃正、陶诗言传递来的接力棒，领导中国科学院大气物理研究所，并创办大气科学和地球流体力学数值模拟研究实验室。这个实验室和冯康先生创办的实验室同属中国科学院的第一批开放研究室，后来同成为国家重点实验室之一。由于这两个实验室的性质和研究内容比较相近，我和冯先生相互合作，相互借鉴，相互支持。冯先生对后辈躬亲接引，聘我作为其实验室的学术委员；我也有幸能邀请冯先生作为我们实验室的学术委员，共议发展大计，相互参加两实验室的学术会议，相互作学术报告，相互介绍各自的博士毕业生到对方作博士后研究。我们的实验室得以分享冯先生早年首创的有限元理论和计算方法以及他新近首创的辛算法理论；我们也敢于向他们讲我们研究得到的平方守恒格式和自然控制论方法等。北京应用物理与计算数学研究所和这两个实验室的性质也较相似，三个单位相互交流，我们也分享到该实验室周毓麟院士首创的离散空间的泛函分析理论等。后来就发展为全国性的计算流体力学、计算物理等学术会议，至今成为定型。恕我孤陋寡闻，还有许多有关计算数学的学者的成就，不能一一列举了。也许可以说，20 世纪 80 年代到 90 年代，我国计算数学和大规模计算进入了新的蓬勃发展的局面。冯康先生是一面大旗，在这个发展过程中其功至伟。

进入 20 世纪 90 年代，我国的"工业与应用数学学会"成立了，并加入了国际工业与应用数学联合会。我国工业与应用数学学会推荐冯康先生和我二人到该联合会 1995 年的学术会上作大会特邀报告，已获得该联合会执委的批准，谁料冯康先生因突发疾病辞世，只好我一人作大会报告。令我欣慰的是，在由外国学者作的前几个报告中，都指出冯康先生在计算和应用数学领域的巨大成就，并对冯先生的逝世表示哀悼。这表明冯康先生的巨大成就是属于世界级的。

冯康先生离开我们了，但他对我们的熏陶使我们受惠全生。冯先生的事业后继有人，后起的一代代年轻学者在成长，我国的计算数学和应用数学学科及与之相关的其他学科将会更进一步蓬勃发展，中国必定会成为数学和各科学的强国。

冯康准则和它的计算力学指导性意义

周天孝

面对力学设计的计算分析不可避免的两类复杂性：物理复杂性和几何复杂性，"差分"替代"微分"的离散化路线显得日暮途穷。电子计算机的计算能力促使计算方法创新的潮流不可阻挡。冯康先生不负历史重任，在落后于苏美的高科技领域，作出了重大的科学计算贡献。冯康先生创新的计算方法，由于"生不逢时"，"出世"之后，连刊载原创性论文的学报都被停刊，冠名权拱手让给西方，被称为"有限元法"而扬名世界。

"有限元法"由参加波音公司的飞机结构计算机分析、发展所谓"直接刚度法"的美国教授命名。"有限元"与"直接刚度法"的理念一致。"直接刚度法"将飞机结构的力学模型分解成"杆"、"纯剪力板"和"梁"等力学性状相对简单的"元件"，基于"单元刚度矩阵"得到"节点力"，借助"节点力"叠加获得计算近似模型。这一理念被推广应用于弹塑性力学，变分原理只是导出"刚度矩阵"的方便手段。

这一有强烈"位移法"胎记的离散化理念，与冯康以"理论模型的表达优选"和"保持问题固有的数学物理特征"为准则的离散化，有本质的不同。冯康理念有更重要的计算力学指导意义，值得深入研讨。

"变分原理" ⊕ "区域剖分插值"的有限元法只是冯康准则应用于包括弹性力学在内的、用椭圆微分方程表达的物理问题近似计算的一种产物。在冯康的原创性论文《基于变分原理的差分格式》[1]中，所创导的离散化准则完整系统，有更普遍的指导性意义。它们由如下四个要件组成：

Criteria for a good discrete model:
    (1) Preservation of mathematical physical characteristics of the problem;
    (2) Required accuracy;
    (3) Cost-effectiveness in computing time and computer storage;

(4) Simplicity，universality，flexibility and easiness in apprehension。

由于"保持问题固有的数学物理特征"为这一准则的核心，冯康先生进一步补充提出"the judicious choice at the outset among the alternative formulations as the working basis is of crucial importance"。也就是说，由于物理问题的数学理解的深入，理论模型有微分方程表达的特征、"守恒律"型表达的积分方程特征和变分原理表达的"极小"或"鞍点"特征等，不同的表达在"微积分学框架"下是"等价"的，但基于不同"等价"表达的离散模型保持问题固有数学物理特征的差异可以很大。计算经验发现"等价"可以"数值不等效"。于是，"The judicious choice is of crucial importance"，挑选出最能保持问题固有数学物理特征的理论模型表达，以使离散模型与"客观真实"之间的误差最小，应当是"保特征"离散化企图实现的目标。

就弹性力学而言，基于上述准则的离散化理念，最早发现保持"位移的索伯列夫空间特征"对于计算弹性力学有关键重要性的，是冯康！虽然 R. Courant 最早提出"区域剖分"⊕"分片插值"的离散方法以改进 Ritz 方法，但使 Ritz 方法和 Courant 方法脱胎换骨，首先发现这种离散本质上是索伯列夫空间的子空间离散的，也是冯康！首先发现"保持问题固有的数学物理特征"就能为区域剖分插值近似提供计算精度和收敛性稳定性保证的，更是冯康！实现这些"最早发现"所依据的基本理论不是结构力学，而是冯康论文参考文献引用的索伯列夫空间理论，以及 Sobolev 和 Mikhlin[2] 对于力学变分原理更加普遍化的泛函分析理解。

为了更进一步理解冯康准则及其对发展科学计算的指针性意义，特做补充阐释如下：① 产生冯康准则的背景；② 坚持冯康准则是计算力学的最佳解决方案。

首先谈谈第一个问题。

我所了解的冯康准则产生的背景，是国家援建印度尼西亚万隆"亚非会议"大厦的计算分析任务。由北京建筑设计院承接的这项建筑设计，采用"飞鸟壳"形式的薄壳屋顶设计方案，遭遇应力应变分析的严重困难，呈请中国科学院计算技术研究所三室用计算机计算分析技术协助，三室二组由曹维潞老师具体承担。最初的力学模型和计算方法皆由北京建筑设计院总设计师提供，计算技术研究所承担编程计算，但计算结果总是"误差太大"。北京建筑设计院遂请计算技术研究所三室提供更佳理论模型和计算方法，全面负责"飞鸟壳"薄壳屋顶的计算分析研究。任务在冯康先生的领导下，采用苏联力学家的"薄壳理论"和"二阶椭圆方程的差分格式"，计算结果仍不为北京建筑设计院认可的情况下，改为基于最小势能原理的变分表达和差分离散。虽然二阶差分降为一阶差分，但是由于导出的近似模型因解算的系数矩阵"对称正定"，保持薄壳方程的"自共轭椭圆"特征，计算结果的精度不降反升，竟然从北京建筑设计院第一次得到"认可"，出现了质的提升。似乎计算研究还要深入之际，由于印度尼西亚1965年政治事件，"飞鸟壳"应力应变的计算研究终止。在我知道的有关研究背景有限的情况下，1965年末冯康先生依然情绪高涨、十分兴奋地在计算技术研究所三室二组召集了一次有部分人员参加的，不像总结会的小型鼓动会。王荩贤、崔俊芝、赵静芳和曹维潞等参加。我作为"飞鸟壳"计算的帮工也参加了会议，是因为当时使用的104计算机内存储量太小，变分差分计算"飞鸟壳"近似的大型线性代数方程组，需要人工计算叠加系数矩阵的非零系数，得到最省存储的计算公式。曹维潞一个人实在忙不过来，正值我的研究生毕业论文完成之后等待评审答辩有空闲，要我负责这一变分差分计算公式叠加整理任务，故我作为"飞鸟壳"项目的辅助人员也获机会参加了这个令人印象深刻的会议。在会上，冯康先生意气风发地宣称，"我们超越世界先进水平的新型计算方法已经创立，相信能够得到普遍推广使用"。由于印度尼西亚1965年发生政治事件，"亚非会议"大厦停建，"飞鸟壳"项目不了了之，也由于对冯康先生领导的其他研究状况一无所知，听到冯先生的上述高调宣布，我当时感觉茫然，内心怀疑"先生是否实事求是"。直到几个月后，读完《计算数学与应用数学》在1965年末期刊登的创新大作，加上知道上述几经"模型选择"才获"好计算结果"的坎坷曲折，才认识到"超越世界先进水平"的研究确实产生了！论文用求解区域有内部接触间断界面的弹性力学问题的微分方程表达的物理复杂性和差分法遭遇的几何复杂性，与力学变分原理表达的普适简单性和数学物理特征的明确统一，所做的论证对比，十分有说服力地让人明白偏微分方程数值解已经进入"保特征"离散化的历史新阶段。基于Mikhlin[2]对最小势能原理的"广义"弹性力学理解，计算实践经验经过理性认识提升的"保特征"离散化的冯康理念，实际上指出：计算弹性力学与"客观真实"之间的误差最小化已经实现，仅仅不可压缩弹性或接近不可压缩弹性介质的计算，另当别论。

最后谈一谈冯康的离散化准则对于计算力学高性能方法普遍性的准则性意义。

首先请注意，我们并不认为力学变分原理的"极小"或"鞍点"形式有普遍性意义。把最小势能原理与传统的索伯列夫空间性质两者综合，能够发现：变形微分算子 $\varepsilon(v) := \left\{ \dfrac{1}{2}\left(\dfrac{\partial v_i}{\partial x_j} + \dfrac{\partial v_j}{\partial x_i} \right) \right\}$ 是 $v \in H^1_{\Gamma_0}(\Omega)$ 映射到泛函 $\int_\Omega \boldsymbol{\tau} \cdot \varepsilon(v)\mathrm{d}\Omega$ 的对偶空间上的"闭算子"，才真正是弹性力学的固有数学物理特征。这一特征既是可压缩弹性力学广义解存在唯一的充分必要条件，对于理解弹塑性力学、流体力学的应力应变规律也有普遍性意义。也就是说，我们不仅能够证明"保特征"离散化，即泊松比 $\nu < \dfrac{1}{2}$ 的标准有限元模型，就是"力学保真"离散化，这一离散化模型不只是近似模型，也是所有弹性力学规律都被严格满足的模型，而且我们能够基于巴拿赫闭值域定理(Banach's closed range theorem)[3] 推导出这一特征的一系列等价条件，获知包括流体力学在内的连续介质力学应力应变机理更深刻的数学物理特征，为理解不可压缩或接近不可压缩介质的力学，奠定统一的数学物理基础。

事实上，将有限元法收敛性稳定性分析的 Lax-Milgram 定理的抽象框架具体化为 Sobolev-Mikhlin[2] 框架，特别因为 $\| v \|_{H^1_{\Gamma_0}(\Omega)} = \| \varepsilon(v) \|_{L^2(\Omega)}$，能够指出，弹塑性力学的数学物理特征应当是：变形微分算子 $\varepsilon(v) : v \in H^1_{\Gamma_0}(\Omega) \to \{L^2(\Omega)\}_{ij}$ 是闭算子，其中 $H^1_{\Gamma_0}(\Omega) := \{v \in H^1(\Omega) : v|_{\Gamma_0} = 0\}$, $H^1(\Omega), L^2(\Omega)$ 是泛函分析惯用泛函空间，Γ_0 是求解区域 Ω 的边界 $\partial\Omega$ 的某部分。

基于这一认知，$\{ \varepsilon(v) : \forall v \in H^1_{\Gamma_0}(\Omega) \}$ 的对偶空间 U 上，存在算子 $\varepsilon(\cdot)$ 的对偶算子(dual operator) $(\varepsilon(\cdot))^*$[3]，使下式成立

$$\left\langle (v(\cdot))^* \boldsymbol{\tau}, v \right\rangle_{V' \times V} = \left\langle \boldsymbol{\tau}, \varepsilon(v) \right\rangle_{U \times U'}, \quad \forall (\boldsymbol{\tau}, v) \in U \times V,$$

其中 $V := H^1_{\Gamma_0}(\Omega)$，$V'$ 或 U' 表示 V 或 U 的对偶空间，$\left\langle \boldsymbol{\tau}, \varepsilon(v) \right\rangle_{U \times U'} = \int_\Omega \boldsymbol{\tau} \cdot \varepsilon(v)\mathrm{d}\Omega$ 是应变能泛函，U 是应力空间。

闭值域定理[3] 断言：$(\varepsilon(\cdot))^*$ 也是"闭算子"。除此之外，借助 Green 公式可导出"能量关系"：对于足够光滑的应力 $\boldsymbol{\tau}$，

$$\oint_{\partial\Omega}(\boldsymbol{\tau}\cdot\boldsymbol{n})\cdot\boldsymbol{v}\,\mathrm{d}s=\int_{\Omega}[\mathrm{div}\,\boldsymbol{\tau}\cdot\boldsymbol{v}+\boldsymbol{\tau}\cdot\boldsymbol{\varepsilon}(\boldsymbol{v})]\mathrm{d}\Omega$$

$$=\int_{\Omega}\begin{bmatrix}\boldsymbol{\tau}\\\boldsymbol{v}\end{bmatrix}\cdot T_M\begin{bmatrix}\boldsymbol{\tau}\\\boldsymbol{v}\end{bmatrix}\mathrm{d}\Omega,\qquad\forall\boldsymbol{v}\in V,$$

其中，$T_M:=\begin{bmatrix}0&\boldsymbol{\varepsilon}(\cdot)\\\mathrm{div}&0\end{bmatrix}$。

容易证明：对于任何足够光滑且满足应力边界条件 $(\boldsymbol{\tau}\cdot\boldsymbol{n})\big|_{\partial\Omega\backslash\Gamma_0}=0$ 的 Cauchy 序列 $\{\boldsymbol{\tau}_n\}_0^\infty$，且 $\lim\limits_{n\to\infty}\|\boldsymbol{\tau}_n-\boldsymbol{\tau}_0\|_U=0$，由于 $\boldsymbol{v}\in V=H_{\Gamma_0}^1(\Omega)$，$\|\boldsymbol{v}\|_V=\|\boldsymbol{\varepsilon}(\boldsymbol{v})\|_{U'}$，以及

$$\left\|\mathrm{div}\,\boldsymbol{\tau}_n+(\boldsymbol{\varepsilon}(\cdot))^*\boldsymbol{\tau}_0\right\|_{V'}=\sup_{\boldsymbol{v}\in V}\frac{\left\langle\mathrm{div}\,\boldsymbol{\tau}_n+(\boldsymbol{\varepsilon}(\cdot))^*\boldsymbol{\tau}_0,\boldsymbol{v}\right\rangle_{V'\times V}}{\left\|\boldsymbol{\varepsilon}(\boldsymbol{v})\right\|_{U'}}$$

$$\leqslant\sup_{\boldsymbol{v}\in V}\frac{\left\langle\boldsymbol{\tau}_n-\boldsymbol{\tau}_0,\boldsymbol{\varepsilon}(\boldsymbol{v})\right\rangle_{U\times U'}}{\left\|\boldsymbol{\varepsilon}(\boldsymbol{v})\right\|_{U'}},$$

得

$$\lim_{n\to\infty}\left\|\mathrm{div}\,\boldsymbol{\tau}_n+(\boldsymbol{\varepsilon}(\cdot))^*\boldsymbol{\tau}_0\right\|_{V'}\leqslant\lim_{n\to\infty}\left\|\boldsymbol{\tau}_n-\boldsymbol{\tau}_0\right\|_U=0.$$

故称 $(\boldsymbol{\varepsilon}(\cdot))^*\boldsymbol{\tau}_0$ 是序列 $\{-\mathrm{div}\,\boldsymbol{\varepsilon}_n\}_0^\infty$ 的极限。因为 $\mathrm{div}\,\boldsymbol{\tau}_n=-(\boldsymbol{\varepsilon}(\cdot))^*\boldsymbol{\tau}_n$ 与 $(\boldsymbol{\varepsilon}(\cdot))^*\boldsymbol{\tau}=-\mathrm{div}\,\boldsymbol{\tau}$，统一起来，可以称算子 $(\boldsymbol{\varepsilon}(\cdot))^*$ 为负的广义散度微分算子，且

$$\left\langle-\mathrm{div}\,\boldsymbol{\tau},\boldsymbol{v}\right\rangle_{V'\times V}=\left\langle\boldsymbol{\tau},\boldsymbol{\varepsilon}(\boldsymbol{v})\right\rangle_{U\times U'},\qquad\forall(\boldsymbol{\tau},\boldsymbol{v})\in U\times V.$$

对于这样扩充定义在所有可能应力空间 U 上的广义散度算子，能够证明：弹性力学混合边界值问题的标准有限元解 $\boldsymbol{u}_h$ 产生的应力

$$\boldsymbol{\sigma}_h=\frac{E}{1-2\nu}\left\{\frac{1}{3}\mathrm{div}\,\boldsymbol{u}_h\cdot\delta_{ij}\right\}+\frac{E}{1+\nu}\varepsilon_0(\boldsymbol{u}_h),$$

满足"力平衡方程"：

$$\left\langle\mathrm{div}\,\boldsymbol{\sigma}_h+\boldsymbol{f}_h,\boldsymbol{v}\right\rangle=\left\langle\boldsymbol{f}_h,\boldsymbol{v}\right\rangle-(\boldsymbol{\sigma}_h,\boldsymbol{\varepsilon}(\boldsymbol{v}))=0,\qquad\forall\boldsymbol{v}\in V,$$

即

$$-\mathrm{div}\,\boldsymbol{\sigma}_h=\boldsymbol{f}_h,$$

其中

$$\left\langle\boldsymbol{f}_h,v\right\rangle=\begin{cases}\left\langle\boldsymbol{f},\boldsymbol{v}\right\rangle,&\forall\boldsymbol{v}\in V_h,\\0,&\forall\boldsymbol{v}\in(V_h)^\perp,\end{cases}$$

$V_h \subset H^1_{\Gamma_0}(\Omega)$ 是有限元位移子空间，$(V_h)^\perp \oplus V_h = H^1_{\Gamma_0}(\Omega)$，$\delta_{ij}$ 是 Kronecker δ 函数，$\boldsymbol{\varepsilon}_0(\boldsymbol{u}_h) = \boldsymbol{\varepsilon}(\boldsymbol{u}_h) - \left\{\dfrac{1}{3}\mathrm{div}\,\boldsymbol{u}_h \cdot \delta_{ij}\right\}$。

因此，有限元模型是对应于外载荷 f_h 的严格弹性力学模型，不能认为力学规律被近似。鉴于此，我们可以简称"保持力学固有的数学物理特征"的离散化为"力学保真"离散化。这样的近似模型无疑应是最佳的离散化！

对于"力学保真"概念，力学家或许对此要提出异议：有限元模型不满足"作用与反作用定律"，怎么能称为"力学保真"？本文认为并非如此，关键在于对"作用"的正确理解。与传统的理解不同，我们认为任何内子域 $K \subset \Omega$ 上的力学状态变量场 $(\boldsymbol{\tau}, \boldsymbol{v})$，对外部介质的"作用" $\oint_{\partial K} (\boldsymbol{\tau} \cdot \boldsymbol{n}) \cdot \boldsymbol{v}\mathrm{d}s$ 应由广义的能量关系定义，即

$$\oint_{\partial K} (\boldsymbol{\tau} \cdot \boldsymbol{n}) \cdot \boldsymbol{v}\mathrm{d}s = \int_K \begin{bmatrix} \boldsymbol{\tau} \\ \boldsymbol{v} \end{bmatrix} \cdot T_M \begin{bmatrix} \boldsymbol{\tau} \\ \boldsymbol{v} \end{bmatrix}\mathrm{d}\Omega,$$

其中 T_M 是上述微积分学意义的泛函分析扩充，div 是广义微分算子，且是 $\boldsymbol{\varepsilon}(\cdot)$ 的"对偶算子"。因此，T_M 称为"作用"生成微分算子。

对于有限元解 $(\boldsymbol{\sigma}_h, \boldsymbol{u}_h)$，因为

$$\oint_{\partial \Omega} (\boldsymbol{\sigma}_h \cdot \boldsymbol{n}) \cdot \boldsymbol{v}\mathrm{d}s = \int_\Omega \begin{bmatrix} \boldsymbol{\sigma}_h \\ \boldsymbol{v} \end{bmatrix} \cdot T_M \begin{bmatrix} \boldsymbol{\sigma}_h \\ \boldsymbol{v} \end{bmatrix}\mathrm{d}\Omega = 0, \quad \forall \boldsymbol{v} \in V,$$

可以容易证明在任何内子域 K 的边界 ∂K 上，由上定义的"作用"与其"反作用"是完全平衡的，即 ∂K 上的作用

$$\oint_{\partial K} (\boldsymbol{\sigma}_h \cdot \boldsymbol{n})_i \cdot \boldsymbol{v}\mathrm{d}s = \int_K \begin{bmatrix} \boldsymbol{\sigma}_h \\ \boldsymbol{v} \end{bmatrix} \cdot T_M \begin{bmatrix} \boldsymbol{\sigma}_h \\ \boldsymbol{v} \end{bmatrix}\mathrm{d}\Omega$$

与反作用

$$\oint_{\partial K} (\boldsymbol{\sigma}_h \cdot \boldsymbol{n})_e \cdot \boldsymbol{v}\mathrm{d}s = \int_{\Omega \backslash K} \begin{bmatrix} \boldsymbol{\sigma}_h \\ \boldsymbol{v} \end{bmatrix} \cdot T_M \begin{bmatrix} \boldsymbol{\sigma}_h \\ \boldsymbol{v} \end{bmatrix}\mathrm{d}\Omega.$$

因为

$$\left\langle \begin{bmatrix} \boldsymbol{\sigma}_h \\ \boldsymbol{v} \end{bmatrix}, T_M \begin{bmatrix} \boldsymbol{\sigma}_h \\ \boldsymbol{v} \end{bmatrix} \right\rangle_{(\Omega)} = 0,$$

"作用"与"反作用"求和得"作用与反作用定律"成立如下：

$$\oint_{\partial K}(\boldsymbol{\sigma}_h \cdot \boldsymbol{n})_i \cdot \boldsymbol{v}\mathrm{d}s + \oint_{\partial K}(\boldsymbol{\sigma}_h \cdot \boldsymbol{n})_e \cdot \boldsymbol{v}\mathrm{d}s = 0, \quad \forall \boldsymbol{v} \in V,$$

其中 $(\boldsymbol{\sigma}_h \cdot \boldsymbol{n})_i$ 是指 $\boldsymbol{n}$ 为 K 的"外法向"，而 $(\boldsymbol{\sigma}_h \cdot \boldsymbol{n})_e$ 中 $\boldsymbol{n}$ 是 K 的外部 $\Omega \setminus K$ 在共同界面 ∂K 上的单位外法向，$(\boldsymbol{\sigma}_h \cdot \boldsymbol{n})_i$ 和 $(\boldsymbol{\sigma}_h \cdot \boldsymbol{n})_e$ 中的单位外法向，量值相同方向相反。总之，广义的力学规律被有限元模型严格遵循。

基于广义的力学理念，冯康准则的计算力学指导性意义得到阐明。发展高性能的计算力学，必须深入认知力学固有的数学物理特征！

值得指出：$-\mathrm{div}$ 与 $\varepsilon(\cdot)$ 互为"对偶算子"蕴涵所有满足边界条件的应力和位移组成的力学状态空间（phase space）能够表达为

$$U \times V = \left\{ (\boldsymbol{\tau}, \boldsymbol{v}) : \left\langle \begin{bmatrix} \boldsymbol{\tau} \\ \boldsymbol{v} \end{bmatrix}, T_M \begin{bmatrix} \boldsymbol{\tau} \\ \boldsymbol{v} \end{bmatrix} \right\rangle_{(\Omega)} = 0 \right\},$$

即向量空间 $U \times V$ 以反对称二次型

$$\left\langle \begin{bmatrix} \boldsymbol{\tau} \\ \boldsymbol{v} \end{bmatrix}, T_M \begin{bmatrix} \boldsymbol{\tau} \\ \boldsymbol{v} \end{bmatrix} \right\rangle_{(\Omega)} = 0$$

为特征。其物理意义是：力学状态变量 $(\boldsymbol{\tau}, \boldsymbol{v})$ 在 Ω 内处处满足"作用与反作用定律"。

基于弹塑性力学问题的解空间，即力学状态空间的上述数学物理特征，弹塑性力学齐次边值问题，无论介质是可压缩的，抑或是不可压缩的，都有如下统一表达：求

$$(\boldsymbol{\sigma}, \boldsymbol{u}) \in \left\{ (\boldsymbol{\tau}, \boldsymbol{v}) : \left\langle \begin{bmatrix} \boldsymbol{\tau} \\ \boldsymbol{v} \end{bmatrix}, T_M \begin{bmatrix} \boldsymbol{\tau} \\ \boldsymbol{v} \end{bmatrix} \right\rangle_{(\Omega)} = 0 \right\}$$

使力平衡方程（或线动量平衡）

$$-\mathrm{div}\boldsymbol{\sigma} = \boldsymbol{f}$$

和物理本构方程

$$\varepsilon(\boldsymbol{u}) = G(\boldsymbol{\sigma})$$

成立。即求

$$(\boldsymbol{\sigma}, \boldsymbol{u}) \in \left\{ (\boldsymbol{\tau}, \boldsymbol{v}) : \left\langle \begin{bmatrix} \boldsymbol{\tau} \\ \boldsymbol{v} \end{bmatrix}, T_M \begin{bmatrix} \boldsymbol{\tau} \\ \boldsymbol{v} \end{bmatrix} \right\rangle_{(\Omega)} = 0 \right\}$$

使

$$\begin{bmatrix} 0 & \varepsilon(\cdot) \\ \mathrm{div} & 0 \end{bmatrix} \begin{bmatrix} \boldsymbol{\sigma} \\ \boldsymbol{u} \end{bmatrix} = \begin{bmatrix} -\boldsymbol{f} \\ \boldsymbol{G}(\boldsymbol{\sigma}) \end{bmatrix},$$

其中 $\boldsymbol{G}(\boldsymbol{\sigma})$ 可以是线弹性或非线性的塑性函数关系。将 $\varepsilon(\boldsymbol{u})$ 分解为胀缩变形 $\left\{ \dfrac{1}{3} \mathrm{div}\,\boldsymbol{u} \cdot \delta_{ij} \right\}$ 与剪切变形 $\varepsilon_0(\boldsymbol{u}) = \varepsilon(\boldsymbol{u}) - \left\{ \dfrac{1}{3} \mathrm{div}\,\boldsymbol{u} \cdot \delta_{ij} \right\}$ 之和，上述统一表达为不可压缩及接近不可压缩介质的各类问题提供统一的分析和计算框架。

这一"作用"生成算子主导的反对称一阶拟线性广义微分方程组，也是坐标变换不改的形式，故称为弹塑性力学的典则表达（canonical formulations）。

将位移 $\boldsymbol{v}$ 的力学意义改为流场速度，因为流体力学的应力 $\boldsymbol{\tau}$ 与速度 $\boldsymbol{v}$ 之间的数量关系由"作用与反作用定律"规定，其状态空间特征仍为

$$\left\{ (\boldsymbol{\tau}, \boldsymbol{v}) : \left\langle \begin{bmatrix} \boldsymbol{\tau} \\ \boldsymbol{v} \end{bmatrix}, T_M \begin{bmatrix} \boldsymbol{\tau} \\ \boldsymbol{v} \end{bmatrix} \right\rangle_{(\Omega)} = 0 \right\}.$$

容易明白，只需将力 $\boldsymbol{f}$ 中加入惯性力，将本构关系函数 $\boldsymbol{G}(\boldsymbol{\sigma})$ 中加入温度和流体密度变量的贡献，并补充密度满足的质量守恒律方程和温度满足的热力学内能方程，不同于传统的 Navier-Stokes 方程表达的广义流体力学方程组得到。其应力与应变之间的数量关系和状态空间形式与弹塑性力学完全相同。

因此，如果黏性流体动力学有相对的"客观真理性"，即它与"客观真实"之间的误差被认可，那么流体力学实验观察到的，航空航天飞行器附面层流场复杂的"多尺度"流动，无论多么复杂并且因飞行速度（亚音速、跨音速和超音速）的不同而可以彼此十分不同，它们既然是由流体力学规律制造出来的，也应当能由"力学保真"离散化模型越来越精准地获得复制。基于此，"保特征"离散化准则，不仅对于可压缩与不可压缩弹塑性力学的统一的 Locking-free 计算，也对于 CFD 有高度的针对性。

总之，"力学保真"离散化是能实现的！虽然能够解决的力学问题仍然太少，不可压缩弹性尚未能实现，但是，对于研究高可靠、高性能的计算力学，"保特征"离散化指出了前进方向。

参 考 文 献

[1]   冯康. 基于变分原理的差分格式. 应用数学与计算数学, 1965, 2(4): 237-261.

[2]   翻译见冯康文集(1), pp 180-209, 国防工业出版社, 1994.

[3]   Mikhlin S G. Problem of Minimum of Quadratic Functional. Moscow, 1952 (in Russian). (有中文译本).

[4]   Yosida K. Functional Analysis. New York: Springer-Verlag, 1966.

回忆冯康先生

应隆安

冯康先生是计算数学大师，是我们敬重的师长，在这里我仅就我接触到的事作一点回忆。

1971 年我们从江西鲤鱼洲农场回到北京，经过几年动乱，大家都想早一点恢复正常生活，早一点恢复工作。科研工作从何着手呢？已经几年没有接触文献了，我们开始作一些调研。我和黄禄平到了中国科学院数学研究所，所里请了几位还在作研究的专家和我们座谈。在座谈中我们得知，现在国外有一种新的计算方法，叫做有限单元方法，能够处理很复杂的问题，是航空工程师首先提出来的。在计算机翼时，把机翼分成小片，在小片上列方程，然后把小片拼起来，就得到了整个机翼的计算结果。听了这个介绍，我们感到这个有限元方法很重要，要仔细了解和掌握。当时大家都不知道，其实在 1966 年，冯康先生发表了一篇文章，即《基于变分原理的差分格式》，已经提出了有限元方法，只是没有用有限元这个名称。1966 年"文化大革命"爆发，没有人注意到冯康先生的这篇文章。直到后来，有限元方法应用得很普遍了，并且有了完整的数学基础，大家才发现，冯康先生早就从数学上严格地提出了有限元方法。我大学毕业后，在北京大学数学力学系微分方程教研室工作，和计算数学界的同志完全没有接触，也没有机会见到冯先生。直到 1974 年，才有了一个机会。这事要从头说起。1972 年，钢铁研究总院的陈篪研究员给北京大学数学力学系领导写了一封信，大意是，断裂力学是一门新兴学科，很重要，今后计算结构的强度少不了它，需要北京大学在数理基础方面提供帮助。系主任段学复先生在接到信后，派郭仲衡、韩厚德和我去与钢铁研究总院协作。应力强度因子是断裂力学中的物理量，我们就研究应力强度因子的计算。但是利用有限元方法进行计算的效果不好，因为应力分布是有奇性的，而计算得到的近似解没有奇性，相差很大。我就想，能不能让计算出来的解也有奇性呢？如果有限个单元不够，就用无穷多个。用这个设想进行计算，由于充分利用了相似性，计算量很小，所以得到了很准确的结果。我写了题目为《计算应力强度因子的无限相似单元法》的论文，这是我的第一篇有关计算数学的文章。在"文化大革命"期间，很多刊物都停刊了。段先生看了我的文章后，以系里的名义推荐给《中国科学》。当时冯先生是审稿人，他收到稿件后，邀请我们到数学研究所作报告。这是我第一次作学术报告。报告结束后，冯先生给予了充分的肯定，给了我很大的鼓励。这是我做计算数学的一个很好的开始。

1981年我从美国回来，系里把我调到计算数学教研室。这样和冯康先生接触的机会就很多了。他担任中国计算数学学会理事长的时候，我是理事。他担任《计算数学》刊物主编，我是编委。"973"项目"大规模科学工程计算的方法和理论"启动，冯先生主持，我也参加其中。我们还请他到北大给研究生讲课。尽管我们给的报酬很微薄，也没有派车接送，但冯先生不辞辛苦，每星期来讲课，我们教研室的老师都去听。

冯康先生的研究风范很值得我们学习。他注重计算数学的实际应用。记得他在编委会上说，没有计算实例的文章就不要发表。项目"大规模科学与工程计算的方法和理论"在原来策划时取名"大规模科学与工程计算的理论和方法"，但冯先生说："方法是第一位的"。他提出了有限元方法，但当有限元格式的种类不断推广，有限元方法的理论不断丰富时，他却开始了哈密尔顿系统的算法研究。这种永不停步进行探索的创新精神是值得我们大家学习的。

怀念冯康先生

韩厚德

今年是冯康先生诞辰 100 周年。他是中国计算数学与科学工程计算的开拓者和奠基人，并为此贡献了自己的一生。先生离开我们也已经二十七年，但是他自信、炯炯有神的目光永远留在我的记忆中。在我学术生涯的关键时刻有幸得到先生的指导和鼓励使我终生难忘。

第一次见冯先生是在 1976 年 5 月，没有人引荐也没有预约。当时我带上学习有限元方法写下的心得，骑上自行车就直奔中关村中国科学院。找到冯先生的办公室时，门是半开着的，先生正坐在桌前专注于自己的研究。我敲了门，听到一声"请进"后踏进了先生的办公室，马上自我介绍说："我是北京大学数学系的助教韩厚德，正在学习有限元方法，有一点心得写成了一篇短文《关于有限元方法的收敛性》。先生是否有时间看看？是否有价值投稿发表？"先生放下手上的工作，接下我的短文让我坐下，然后一边看短文一边问一些问题。最后先生讲了五个字"有价值发表"。我带着感激的心情回到学校，对文章进行修改后于 1976 年 7 月将其投寄到《应用数学学报》，文章于 1978 年正式发表。这是我学术生涯中第一篇在正式学术期刊上发表的论文，也是我踏入计算数学与科学工程计算学术领域的第一个印迹。那一年我正好 40 岁，在北京大学担任助教已有 18 年了。

1984 年春夏之交，我收到了一封博士学位论文评审函件，打开一看论文题目为《正则边界归化与正则边界元方法》，作者是冯康先生的学生。由位势理论产生的超奇异积分（Hadamard 有限部分积分）是论文的核心内容之一。当时我对超奇异积分了解不多，自知没有达到评审这篇博士学位论文的水准，但感到这是先生对我的信任和鼓励，于是立刻放下其他工作，集中精力阅读论文，并查阅学习有关边界元方法的文献资料，经过努力写出了评审意见，并作为评委参加了论文答辩会。这个过程虽然不长，但是边界元方法特别是由位势理论产生的超奇异积分算子引起了我很大的兴趣，它推动我进入了边界积分-微分方程方法的研究领域。1986 年我完成了文章 *Boundary integro-differential equations of elliptic boundary value problems and their numerical solutions*，并投寄到《中国科学》，文章于 1988 年刊出。此后三十余年，边界积分-微分方程方法成为我的研究方向之一。

20 世纪 80 年代，在一次学术会议期间，冯先生告诉我他正在研究哈密尔顿系统的辛几何算法并将主持一个讨论班研读 V. I. Arnold 的专著《经典力学的数学方法》(*Mathematical Methods of Classical Mechanics*)，使我有机会参加先生主持的上述讨论班，开始学习哈密尔顿系统的数学理论和辛几何算法。我由于这方面的基础很差，跟不上先生的脚步，始终没有跨进哈密尔顿系统的辛几何算法的研究领域。在参加讨论班的过程中我逐渐地产生了一个疑问，为什么冯先生能够在计算数学与科学工程计算领域中不断地取得突破性的研究成果？我渴望找到满意的答案。直到我读到冯端先生 1999 年 8 月在《科技日报》上发表的文章《冯康的学术生涯》，才从中找到了满意的答案。计算数学与科学工程计算是一门交叉性极强的学科，电子计算机不断地更新换代及其在科学技术中广泛深入的应用为计算数学与科学工程计算的发展提供了空前的机遇。机遇是留给有准备的人的。从《冯康的学术生涯》一文中，我们可清楚地了解到冯康先生是一位有充分准备的人。

冯康先生先后创办了《计算数学》、《数值计算与计算机应用》和 *Journal of Computational Mathematics* (*JCM*) 三个全国一级计算数学学术刊物并担任主编。其中英文版 *JCM* 的创立为中国中青年计算数学工作者进入国际学术舞台搭建了一个重要的平台。我本人和合作者在 *JCM* 上发表了多篇论文。例如，1985 年我与巫孝南合作发表了 *Approximation of infinite boundary condition and its application to finite element methods*，这是我们进入人工边界方法研究的开端。经过与多位合作者多年的努力，我们取得了系统的研究成果，并出版了专著 *Artificial Boundary Method*（中文版（2009），英文版（2013））。1990 年我在 *JCM* 上发表了 *A new class of variational formulations for the coupling of finite and boundary element methods*，文章很快得到了国际同行的关注和广泛引用。*JCM* 对我的学术生涯有重要的影响和推动作用。

继承和发扬老一代数学家的优良学术传统，促进中国计算数学与科学工程计算的蓬勃发展是对冯康先生的最好纪念。

缅怀恩师冯康先生

孙家昶

今年是冯康先生的百岁诞辰。我是 1959 年考入中国科技大学应用数学系的，我们 1959 级 11 系三年数学基础课主要是关肇直先生教的，其中五个专业中的计算数学教研室主任就是冯康先生，日常教学工作由副主任石钟慈老师主持。五年级做毕业论文时冯康先生找了我们专业 20 个学生分别谈话。我的论文题目是《一类守恒型差分格式的稳定性分析》，冯先生亲自担任第一导师，他请了当时与研究工作相关的张关泉担任我论文的算法指导老师，另请了金旦华担任编程指导老师。同时冯康先生还鼓励我报考当时中国科学院刚开始全国公开招考的研究生。当年中国科学院计算技术研究所（以下简称"计算所"）三室的冯康先生及北京大学兼职的董铁宝先生各有一个名额。这是我学生时代最难忘的一次考试，考生人数超过半百。录取前冯康先生找我谈话，告诉我北京大学的王烈衡和我都够录取标准。他建议我由董铁宝先生带，他带王烈衡，这样有利于计算所与北京大学的学术交流。毕业后，我直接进入中国科学院的研究生院学习。"文化大革命"期间，计算所研究生毕业前要求导师开证明，由于北京大学董铁宝先生在"文化大革命"中自杀，冯先生为我写了学历证明。他说："你本来就是我招进来的，现在你还是我的学生。"之后，除去"包钢再教育"一年之外，我有幸在冯先生的领导下工作了 30 年，直到 1993 年 8 月……

"文化大革命"后期，冯康先生有一段时间与我们同一办公室，使我有机会近距离向他请教。记得他在 1974 年 8 月召开的全国计算数学会议上作了关于当时我国计算数学若干重点发展的报告，其中提到有限元、计算流体、样条函数、反问题、刚性常微分方程等。"文化大革命"结束后他及时组织三室一系列讨论班，如"数学物理方程 II"，使我们赶上了科学的春天。当时我主要是根据国家的需要承担"飞机外形数学模型"项目。我们提出了与坐标无关的圆弧样条，并用于国产大飞机"运十"的研制。在 1974 年发表学术文章前，我为如何准确翻译英语单词"Spline"而犯难，苏联人当时就完全音译，而我觉得中文用音译不合适，会让人误会是人名。当时国内同行，如吉林大学翻译成"齿函数"，国内数学英文词典则翻译成"云形规"，似乎也都不贴切。为此我专门请教了冯康先生，是否可采用造船厂、飞机厂模线工人画曲线的工具名字叫做"样条"？经冯康先生同意，从此数学词典中有了"样条函数"这一条目。

冯康先生非常关心所里青年一代的学术成长。1980年他要我陪他到人民代表大会代表驻地看望复旦大学的苏步青先生，谈话中提出请苏老共同推荐我去美国当访问学者，当时他们对我的唯一的要求是要按期归来、为国效力。同年我先去加利福尼亚大学圣塔芭芭拉分校（UCSB）代数研究所，一年后转耶鲁大学计算机科学系，先后研究代数特征值及偏微分方程奇异解数值方法，特别是耶鲁大学刚开始发展的预条件子方法，并一直沿用至今。在我按期归来后，冯先生很快把我定为计算中心首批硕士研究生导师（我带的第一个硕士研究生只比我小三岁），并安排我到中国科学院研究生院讲我写的书《样条函数与计算几何》，同时开展多变量插值与曲面逼近方向的研究。

1987年我刚被聘任为中国科学院研究员不久，新的计算中心主任石钟慈老师找到我，他代表冯康先生要我把主要研究方向转向并行计算，并要我去调研国际上并行计算机及并行计算发展的最新动态。当时我国并行计算刚起步，中科院计算所正在研制向量机及小型巨型计算机，计算中心的并行算法团队由黄鸿慈负责，国防科技大学李晓梅的并行计算团队在研究结合银河计算机进行研制。周毓麟先生提出"具有并行本性的差分格式"，武汉大学的康立山发表了"解数学物理问题的异步并行算法"。一些学校，如清华大学、复旦大学的并行算法研究是结合教学进行的。我国召开的并行计算学术系列会议邀请冯先生作过特邀报告。这次我的出访时机正值冯康先生与计算所夏培肃先生联合向国家自然科学基金委员会申请"并行计算机与并行算法"重大项目期间，冯康先生全程关心我的访问。我先到美国明尼苏达超级计算机研究所（MSI）使用并行机编写并行语言，然后到加利福尼亚大学洛杉矶分校（UCLA）应用数学研究中心从事四阶偏微分方程区域分解方法研究工作，与鄂维南、TonyChan合作发表了论文，参加了第三届国际区域分解法（DDM）会议。1990年，我有幸参加了冯康先生在杭州召开的"科学计算国际会议"，因为接触了会议上特邀的几位有关专家，我之后有机会连续参加了多次国际

DDM 会议。特别是 1992 年，我在意大利 DDM 会议作了特邀报告后，大会主席 Glowinski 给我写信，同意委托中国召开下一届国际 DDM 会议。由于区域分解方法在学术上是求解数学物理问题并行算法的重要理论基础，冯康先生听了很高兴，请计算中心主任石钟慈老师负责，并进入国际 DDM 会议学术委员会。1995 年第七届国际 DDM 会议在北京成功举行，我代表中国科学院团队作了国内唯一的大会报告。之后，湘潭大学又主办过一次国际 DDM 会议，我国从此进入了该领域的核心圈，一直到现在。

1989 年 5 月，我一回国就到冯康先生家汇报工作，冯先生提出由于黄鸿慈要离开计算所，因此要我负责全所的并行算法团队。鉴于团队中有不少资深研究员，我说需要考虑后才能回答。哪知第二天冯先生在项目组会上就突然宣布了此事，并要我代表他参加刚宣布的"并行计算机与并行算法"重大项目的总体组。之后，冯先生不但多次参加团队会议，并且阅读过我们 1990—1992 年内部发表的三期并行算法研究年报。他还亲自动手在 Transputer 加速板上用保结构辛算法试算了天文星际哈密尔顿轨道，并对并行机到 20 世纪末性能达到每秒万亿次计算充满了期待。

1993 年 7 月初，我陪冯先生参加并行计算团队课题组总结会。从他黄庄家里到计算中心大院的路上，冯先生兴致勃勃地说起他近年来办成的几件大事，当谈及成功主持并成立了我国第一个科学与工程计算国家重点实验室，争取到国家"攀登计划"项目（"大规模科学与工程计算的方法和理论"）时，冯先生说"攀登计划"原来的项目名称中理论在前、方法在后，不够恰当，后来改成"方法和理论"。谈及为中国科学院计算中心机房建设争取到的一笔世界银行低息贷款中可能要所里还部分利息一事时，有人提出"谁用新计算机算题谁还利息"的建议，但冯先生强调"搞计算数学不用计算机相当于在沙漠中研究流体力学"，指出"如果真要研究人员还利息，那要一视同仁，不算题的也要交"，一直说到所门口。最后冯先生意味深长地告诫我："要清醒看到单靠并行计算是不能解决计算复杂性的，还是要靠计算模型与算法的进步……"谁知这竟然成了我和冯先生之间的最后一次交谈。

一个月以后的深夜，我接到石钟慈老师的电话，赶到冯先生家时，冯先生已躺在浴缸边。而后，桂文庄、崔俊芝、张关泉、邹华谟等陆续闻讯赶到，遵照冯先生的姐姐和冯端先生的决定，将冯先生抬上救护车，送往北京大学第三医院。

　　作为冯康先生的学生，在老师百岁诞辰之际，我欣慰地告诉老师：在您的亲自组织指导下，经过中国科学院的并行算法团队，包括计算中心团队及后来软件所①团队的集体努力奋斗，中国科学院的"高性能分布式并行数值代数软件研究与开发"项目于 2000 年荣获了国家科学技术进步奖二等奖。我本人获中国工业与应用数学学会颁发的"苏步青奖"。更年轻的一代也正在脱颖而出，其中我的博士毕业生杨超获得了 2016 年美国高性能计算的 Gorden Bell 奖，更可喜的是，这一年我们并行算法团队在中国科学院超级计算机性能世界问鼎的重大成果中再次作出了实质性的贡献。

---

　　① 全称是"中国科学院软件研究所"。

高山仰止冯康先生

祝家麟

有限元法属首创
自然边界谱华章
哈密尔顿辛几何
功垂史册数冯康

在中国科学院计算数学与科学工程计算研究所纪念冯康先生 80 周年诞辰纪念会上，我是以讲一个段子开始我的发言的："说一个人能得到成长进步，要有三个条件，第一是你本人还行，第二是有人说你行，第三是说你行的人很行。"我的进步要感谢改革开放的伟大时代，有机会于 1980—1982 年在巴黎高等理工学院应用数学中心跟随研究室主任 Nedelec 教授从事边界积分方程和边界元方法研究，获巴黎第六大学博士学位，再就是受到冯康先生的知遇之恩，没有他的举荐，我个人的成长不会这样一帆风顺。

对于冯康先生的大名，我就读北京大学时就已听说。我 1961 年考入北京大学数学力学系数学专业学习，最想学的是计算数学，结果被分配到总共只有 7 个学生的微分几何专门化，直到 1968 年初才离开学校去接受再教育。那时我对中国科学院造反派对知名专家的批斗有所知晓，待到度过了那个知识分子斯文扫地的年代，迎来科学的春天的时候，才得知冯康先生于艰难困苦中独立于西方创建了有限元方法数学理论。我对冯先生非常景仰，但没有机会见面。第一次拜访冯康先生是我从法国留学回国后。作为国家拨乱反正得以改变个人命运的幸运者，我是三十几岁才改换门庭学习计算数学的入门小字辈，未经人介绍冒昧地去敲冯康先生办公室的门，求见这位高山仰止的学部委员，心中仍是惴惴不安。那时没有现在那么多门卫，我拿着重庆建筑工程学院的介绍信找中国科学院计算中心办公室工作人员说明原因后被引进冯康先生的办公室。望着冯康先生矍铄的目光，我赶紧把我的学历、经历及在巴黎第六大学所完成的博士学位论文内容做了汇报，表达了希望在先生指导下结识国内边界积分方程及边界元研究学术界的愿望，直到看到冯先生赞许的表情，我的心才放下来，以后的交谈就越来越轻松。冯先生详细询问我用第一类 Fredholm 积分方程求解重调和方程和 Stokes 方程，对奇异积分和超强奇异积分的处理方法，建议我写出文章在《计算数学》上发表。冯先生建议我参加中国计算数学学会，在国内的学术会议上积极宣传推介边界元方法；他建议我去清华大学见杜庆华先生，了解边界元方法在工程技术方面的应用情况；他还立即通知他当时指导的博士研究生余德浩来办公室与我见面，给我讲"正则边界积分方程"方法（后来改称"自然边界元"方法），嘱咐余德浩把他的博士论文复印一份送给我。后来我受杜庆华先生委托，筹办了于1985年12月在重庆举行的全国第一届"工程中的边界元会议"的会务；参与杜先生主持的"工程中边界元法国际学术会议"筹备工作，这个会议于1986年10月14日至17日在清华大学举行并取得圆满的成功。冯康先生也应杜先生邀请参加边界元方法国际会议的学术把关工作，所以我又有几次机会和冯先生见面。

冯先生学识渊博，治学严谨，桃李天下，特别注重对年轻学者的培养。我的职称晋升就是得益于冯先生的造就，对我本人而言是一个传奇。在很长一段时期，国内大学的毕业生没有学位、大学科研机构教师和研究人员没有专业职称，直到1977年10月4日《人民日报》头版发布了一条消息："根据党中央关于恢复技术职称的指示，中国科学院决定提升原助理研究员陈景润为研究员，提升原研究实习员杨乐、张广厚为副研究员。"这意味着恢复了职称评定制度。这个举措给在"十年动乱"中遭到严重歧视的知识分子以极大的鼓舞。1978年召开全国科学大会，标志着我国科技教育事业终于迎来了"科学的春天"，自此以后，各行各业陆续开始评职称。我当时所在的单位"重庆建筑工程学院"根据国务院关于《高等学校教师职务试行条例》于1986年才开始恢复评定高级教师职称，我要参评的数学学科还要经过四川省教委职称评审委员会通过才有效。因为长期没有定职制度，这导致一大批知识分子要评职称，所以竞争非常激烈。1987年我申请了副教授职称，认为自己论资历和积累都还浅薄，能到四川省里评个副教授就不错了。不料评审材料送到冯康先生那里，冯先生给了我许多鼓励和称赞之词，对我采用变分方法求解超强奇异边界积分方程及对边界元方法的数学分析方面的研究工作给予了肯定，最后的结论是："该同志达到教授学术水平。"因为我是归国留学人员，单位的领导对我很关照，一位领导看见冯先生的评审意见后很风趣地跟我说："告诉你一个好消息和一个不好的消息，好消息是大权威说你能评教授，不好的消息是他的评审意见写在计算中心信笺上不是写在四川省制订的正规评审表格上，恐怕不能算数。"我当然希望学校人事处去函冯先生，请他把意见抄写在我的职称申请表上。十几天后，冯先生写在正规评审表上的意见寄到了，人事处又告诉我"这个评审意见表上没有加盖冯先生单位公章，恐怕四川省职称评审部门形式审查过不了关"。我想可能是冯先生工作繁忙，疏漏了这个环节，就请冯先生找人或者由学校找到北京出差的人去中国科学院计算中心加盖公章，同时学校人事处又请了杜庆华先生和林群先生给我做评审。最后的结果是：冯先生的评审意见寄到学校人事处了，仍然没有公章，在加盖公章那一栏，冯先生亲自补写了一句话"此系个人学术评价，无须加盖公章，学部委员冯康"。正是因为冯先生的评审意见，我顺利地由讲师晋升为教授。那一次，我校另一位青年力学教师陈山林也由讲师破格晋升为教授，他的评审人是他的老师钱伟长先生。我们两位青年教师的破格晋升在学校引起了很大的反响，起到了激励年轻教师在教学、科研上努力拼搏奋斗的作用。

在冯康先生的鼓励下，我的专著《椭圆边值问题的边界元分析》得以在科学出版社出版，后来此书又经过修改为《边界元分析》再出版。在冯先生的推举下，我荣幸地担任了《计算数学》期刊编委，还担任了中国计算数学学会理事、常务理事，后来又在石钟慈院士和余德浩教授推举下担任了副理事长。冯康先生是把我引进国内计算数学界的恩人。由于有编委、常务理事这些头衔，我参加冯先生组织的学术会议及活动的机会就多了，每当我向冯先生表示感谢，冯先生都说："无须感谢，自己努力就是。"我真诚地邀请冯先生到重庆讲学，顺便到原国立中央大学在重庆大学的旧址看看，冯先生愉快地答应了，他表示很想去看看，还问起我国立中央大学的礼堂还在不在，嘉陵江边的"鸳鸯路"还有没有，松林坡怎样（抗战期间，国立中央大学迁到重庆，借用重庆大学校址办学，"鸳鸯路"是重庆大学在嘉陵江边悬崖上的一条供师生散步的林荫道，冯康先生曾在国立中央大学电机工程系、物理系学习）。我本想问问冯先生为什么由学工程转学物理，又转学数学，但看到冯先生沉思的目光，终究没有问出口。我当时很感慨冯先生提到"鸳鸯路"，我想每个人都有过美好的青春，冯先生也不例外，那条路承载了太多重庆大学、国立中央大学人的故事，不仅是风景，还有那充满热血的学子指点江山、激扬文字的年代和他们青葱的岁月。冯先生的青年时代经历过战乱流离，对国家有深沉的爱，那个年代或许就铸就了冯先生报国的理想。遗憾的是他想旧地重游的愿望没有来得及实现。

科学虽无国界，科学家有祖国。1983 年以美国著名数学家拉克斯为首包括不同学科的专家委员会向美国政府提出报告，强调科学计算是关系到国家安全、经济发展和科技进步的关键性环节，是事关国家命脉的大事，提请美国政府密切注意日本和欧洲的挑战。报告特别指出，计算能力的提高来自算法研究的进步与来自计算机硬件技术的进步同等重要，呼吁美国政府对于科学计算研究和高性能计算机研制在政策上给予重视和支持。美国总统科学顾问基沃斯在国会作证时表示决心捍卫美国在超级计算机和大型科学计算方面的历史性领先地位。很快美国政府就把科学工程计算、生物工程和地球科学一起列入美国国家科学基金三大重点优先支持领域。冯康先生敏锐地看到了这个挑战和机遇，基于为国家科技发展战略大局的思考和科学家强烈的责任心，他积极筹划主持联络了一批科学家于 1986 年给时任副总理李鹏写了"紧急建议"，建议把大型科学工程计算方法及应用软件的研究纳入国家重点科技攻关项目，得到政府的积极响应。1990 年，在冯康先生的倡导、亲自筹备和组织下成立了中国科学院科学与工程计算国家重点实验室，这些举措为迎接信息化时代的到来、增强国家科技实力作出了巨大的贡献。就是那位为美国政府提出过建议报告的拉克斯院士，在获悉冯康去世后，在悼念冯康院士所写的文章结尾深情地写道："冯康的声望是国际性的，我们记得他瘦小的身材，散发着活力的智慧的眼睛，以及充满灵感的脸孔。整个数学界及他众多的朋友都将深深怀念他。"（译自 P. Lax, *SIAM News*, 1993），这个评价充分说明对科学家水平的认可也是无国界的，科学家热爱自己的祖国是值得尊重的。

2002 年 5 月 28 日江泽民总书记在两院院士大会上讲："在当代世界科技发展的史册上，我国科技工作者也书写了光辉的篇章。……在数学领域创立的多复变函数的调和分析，有限元方法和辛几何算法，示性类及示嵌类的研究和数学机械化与证明理论，关于哥德巴赫猜想的研究，……在国际上都引起了强烈反响。"其中提到的有限元方法和辛几何算法都是冯先生的成就，冯先生不愧是中国计算数学界的旗帜，他因开创的事业和业绩在中国和世界数学界名垂青史。

深切怀念冯康先生！作为在冯康先生教育和影响下成长的中国计算数学和科学工程计算工作者，一定会继承他的科学精神和为国奉献精神，继往开来，为实现科技强国梦继续努力奋斗。

冯康与西安交通大学

李开泰　黄艾香

冯康（1920 年 9 月 9 日—1993 年 8 月 17 日），数学家，应用数学和计算数学家，浙江绍兴人。中国科学院院士，曾任中国科学院计算中心主任，国务院计算机科学顾问。他是中国现代计算数学研究的开拓者，独立创造了有限元方法，并提出动力系统的辛几何算法，分别获得国家自然科学奖二等奖和一等奖。他独立地提出有限元方法、无穷远边界条件自然归化和自然边界元方法，开辟了辛几何和辛格式研究新领域，为组建和指导我国计算数学队伍作出了重大贡献，是世界数学史上具有重要地位的科学家。1980 年当选为中国科学院学部委员（中国科学院院士）。1985—1993 年任西安交通大学数学系名誉教授。

一、冯康院士与西安交通大学的渊源

冯康院士与西安交通大学渊源很深。1985 年，西安交通大学邀请中国科学院计算中心冯康先生来校访问，并授予他西安交通大学名誉教授称号（图 1 和图 2）。

冯先生与时任西安交通大学校长史维祥相熟，两人在莫斯科留学时曾属于同一党支部，冯先生每次来西安都要见史校长。1986 年，冯先生还亲自给史维祥校长写推荐信，建议晋升黄艾香为教授（图 3）。黄艾香正是这一年晋升为教授的。冯先生出身于苏州有名的书香门第，还有一位亲戚叫孙建，是西安交通大学等离子研究所的教授，可见他与西安交通大学关系密切。

此外，冯先生曾对李开泰说："西安交通大学朱公瑾教授对我影响很大，他从哥廷根大学获得博士学位回国以后，写过很多文章和小册子，我几乎都看了。"朱公瑾先生是西安交通大学数学系一级教授，曾于 20 世纪 20 年代留学德国，在哥廷根大学获得博士学位，是 Hilbert 的学生，是 R. Courant 的同班同学。冯先生在高三期间曾仔细阅读了朱公瑾先生在《光华学报》发表的"数理丛谈"系列文章，这令他眼界大开，首次窥见了现代数学的神奇世界，并深深为之着迷。这无疑成为冯先生后来献身数学并成为著名数学家的重要契机。冯先生告诉李开泰，他很赞同哥廷根学派的数学观点，朱公瑾的应用数学思想深刻地影响了他。李开泰也向冯先生介绍了朱公谨的"应用数学专业"教学计划，他非常欣赏。

冯先生喜欢西安的文化古迹，对西安碑林钟爱有加，每次来西安，至少要去碑林博物馆两次（图 4）。黄艾香教授曾陪他参观兵马俑（图 5）。

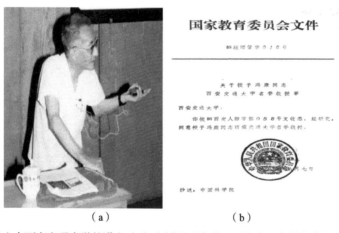

（a） （b）

图 1　冯康院士在西安交通大学的讲座（a）和授予冯康院士西安交通大学名誉教授的文件（b）

图 2　西安交通大学副校长汪应洛接待冯康院士

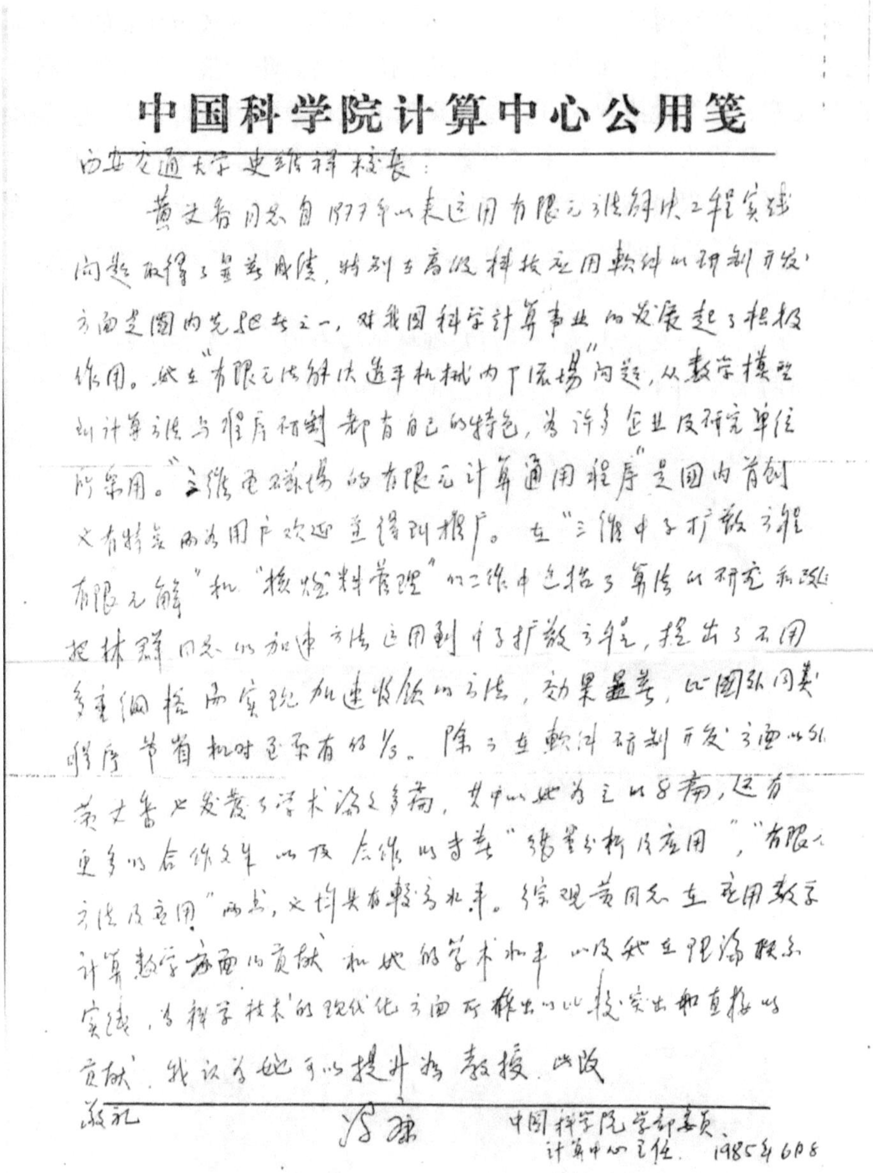

中国科学院计算中心公用笺

西安交通大学史维祥校长：

黄艾香同志自1973年以来运用有限元法解决工程实践问题取得了显著成绩，特别是高级科技应用软件的研制开发方面是国内先驱者之一，对我国科学计算事业的发展起了推动作用。她以"有限元法解决活塞机械内下流场"问题，从数学模型到计算方法与程序研制都有自己的特色，为许多企业及研究单位所采用。"三维电磁场的有限元计算通用程序"是国内首创又有特色而为用户欢迎并得到推广。在"三维中子扩散方程有限元解"和"核燃料管理"的二维中也指导了学生的研究工作，把林群同志以加速方法运用到中子扩散方程，提出了采用多重网格而实现加速收敛的方法，效果显著，比国外同类程序节省机时竟达有2/3。除了直接的研制开发之重以外黄艾香已发表了学术论文多篇，其中以她为主的8篇，还有更多的合作文章以及左维的专著"矩量分析及应用"，"有限元法及应用"两书，又均具有较高水平。综观黄同志在运用数学计算数学两面的贡献和她的学术水平以及她在理论联系实践，为科学技术的现代化方面所作出以及拟作出的贡献。我认为她足以提升为教授。此致

敬礼

冯康

中国科学院学部委员，
计算中心主任。1985年6月8日

图3　冯康先生给西安交通大学时任校长史维祥举荐黄艾香为教授的信

图 4　冯康院士参观碑林博物馆

图 5　冯康院士与黄艾香教授参观兵马俑

二、中美边界有限元和边界积分方程讨论会

1985 年 12 月 24 日至 28 日，中美边界有限元和边界积分方程讨论会（China-USA Symposium on the Boundary Element Methods and Boundary Integral Equations）在西安交通大学举行，会议中方主席为中国科学院冯康院士，美方主席是美国特拉华大学数学系主任 Klaimann。当时参会的还有中国科学院石钟慈院士、U. T. Austin 计算与应用数学研究所 B. Enquist 教授（瑞典科学院院士，时任加利福尼亚大学洛杉矶分校数学系教授，曾任世界数学家联盟主席）、明尼苏达大学 D. Arnold 教授（马里兰大学 Ivo Babuska 教授的博士生，2002 年"世界数学家大会"一小时邀请报告者）、美国特拉华大学肖家驹教授，以及加拿大阿尔伯塔大学黄友书教授等（图 6）。

冯康先生因应邀访问苏联，不能参会，就给李开泰教授来信，一方面对大会表示祝贺，另一方面对不能参会表示歉意。在信中，冯康先生提到同苏联科学院院长

Arnold 的谈话。Arnold 提到他不同意法国 Bourbaki 的数学应该纯理论化的观点，他主张数学应该和物理力学相结合。冯先生对此深表赞同（图 7）。冯先生

图 6 "中美边界有限元和边界积分方程讨论会"与会人员

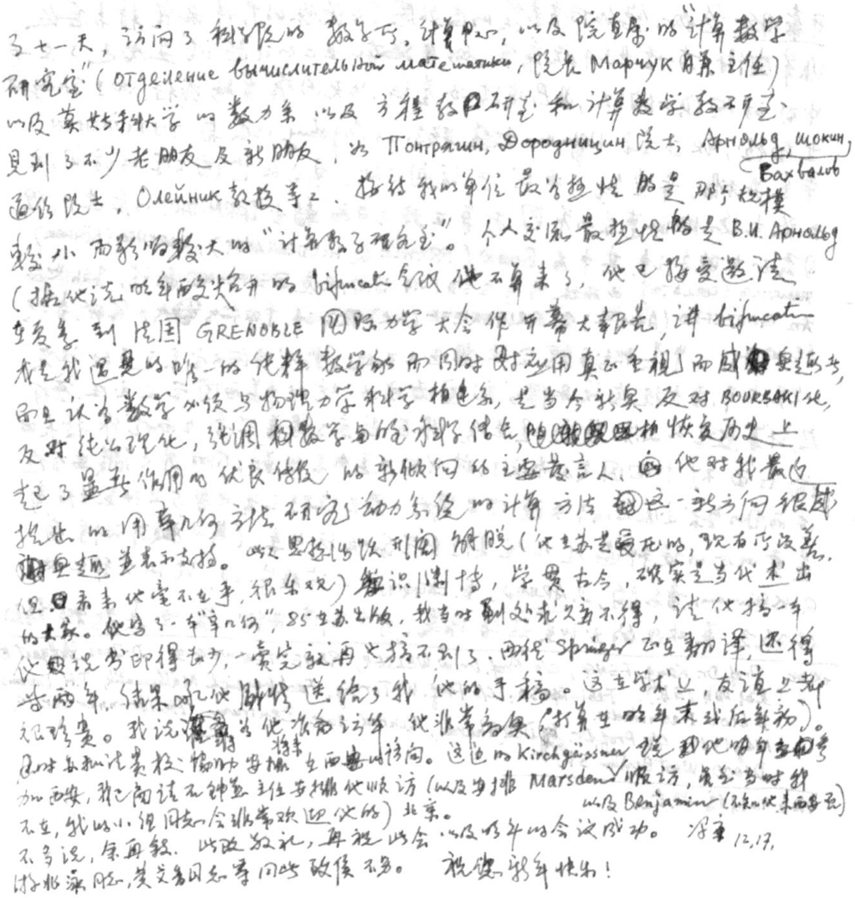

图 7 冯康院士给李开泰教授的来信

对我们在 20 世纪 70 年代和 80 年代所做的工业数学研究非常赞同。70 年代，我们就在全国推广有限元，应用到工业技术中的各个领域。1984 年我们出版了关于有限元的书，不仅包含有限元的基本概念、方法和理论，而且有很多在工业技术中的应用实例。80 年代，冯先生就曾对李开泰说"西安交通大学已经走出国门"；90 年代，冯先生担任国家基础研究"攀登计划"项目（大规模科学与工程计算的方法和理论）的负责人，他对李开泰说"'攀登计划'不能没有西安交通大学"。

三、分歧问题理论及其数值方法国际会议

1988 年 6 月 24 日至 29 日，分歧问题理论及其数值方法国际会议

（International Conference on Theory and Numerical Analysis for Bifurcation Problem）在西安交通大学举行。会议名誉主席为冯康院士（图 8），主席为 J. Marsden 教授（美国加利福尼亚大学伯克利分校，*Foundations of Mechnics* 作者之一），副主席为 M. Golubinski 教授（美国休斯敦大学，现在美国俄亥俄州立大学）、G. Iooss 教授（法国尼斯大学）和李开泰教授。参会者 100 多名，其中有很多著名学者，例如 D. D. Joseph 和 D. Sattinger（美国明尼苏达大学航天与机械工程系和数学系），J. Rapaaz 和 J. Descloux（瑞士洛桑联邦理工学院数学系），K. Kirchgassner（德国斯图加特大学数学系），S. Hayes（德国慕尼黑大学数学系），W.E. Labisch （德国波鸿鲁尔大学），H. Kokubu（日本京都大学数学系），W. F. Langford（加拿大圭尔夫大学数学与统计系），T. Healey（美国康奈尔大学理论与应用力学系），E. J. Doedel（加拿大康考迪亚大学计算机科学系），武汉大学雷晋干，北京航空航天大学陆启韶等。特别是 Luid Dynamics International 总裁 M. Engelman，带了流体力学有限元软件包 FIDAP 赠送给我们，并和我们签了协议：只能在学校使用，不能他用。软件当时在欧洲的出售价格为 13 万美元。在此期间，Marsden 知道了冯康提出的辛几何方法，大加赞赏，回国后提出了椭圆边值问题的辛几何方法（图 9）。

图 8　冯康院士致开幕词

图 9　会议精彩瞬间

四、1993 年在西安交通大学举办的"国家教委数学暑期班"

暑期班的主讲教授是冯康院士（图 10）。冯康院士为学生讲了三个星期，主要内容包括三个方面：

（1）动力系统辛几何算法；

（2）快速傅里叶算法；

（3）无穷远边界条件归属为边界积分方程。

来自全国的 200 多位学生参加了暑期班，课后由中国科学院的年轻学者做辅导，同时还举办了多次座谈会，冯康院士回答学生提出的一些比较尖锐的问题。休息期间冯康院士多次参观西安碑林博物馆，他因为酷爱书法，看到一些碑文迟迟不愿离开。

冯康院士参加西安交通大学"国家教委数学暑期班"后，回到北京不久，因病去世。我们深感内疚，并因为失去一位杰出的学者、一位受人崇敬的导师而感到无比惋惜。

图 10　冯康院士给国家教委举办的数学暑期班讲课

我们一直非常敬仰冯康院士，20 世纪 70 年代末，他办有限元学习班，我们研究室的成员都积极参加，记得他做过三次讲演，分别是：

（1）非协调有限元和间断有限元，李开泰、成圣江和马逸尘都去参加了，我们有限元的书中有关间断有限元就是从冯先生那里学的，冯先生还指导马逸尘做这方面的论文；

（2）快速傅里叶变换；

（3）无限远边界条件归属于边界积分方程。

冯先生于 1982 年举办"中法有限元国际讨论会"，我们研究室的李开泰、黄艾香、成圣江和马逸尘都去参加了。会上我们和德国波恩大学应用数学研究所的 J. Frehse 教授建立了友谊，因此成圣江、李开泰和黄艾香三人于 1984 年先后应邀访问波恩大学，后又与应用数学研究所所长 R. Leis 结下友谊。1985年马逸尘、江松和张承钿受邀访问应用数学研究所。在"中法有限元国际讨论会"期间，我们还与 I. Babuska 结下友谊，并且成功邀请他访问西安交通大学。Babuska 邀请葛新科去读博士，邀请成圣江作为风文学者去马里兰大学技术物理研究室进修。现在的西安交通大学，见图 11。

(a)

(b)

(c)

(d)

(e)

图 11　西安交通大学

冯 奖 得 主

追忆冯康先生

许进超

今年是冯先生诞辰 100 周年，为表达缅怀之情，受《冯康先生纪念文集》编委会邀请，我将我记忆中与冯老先生的几次交集记录下来，便有了下文。

我对冯先生比较早期的印象始于我在康奈尔大学攻读博士期间，那时候我师从 James Bramble 教授，主要的研究方向是有限元。1987 年左右，我的导师 Bramble 邀请冯先生来康奈尔大学访问，他们就有限元的很多问题进行了深入探讨，我也有幸参与交流。让我印象深刻的是冯先生说一口流利的英语，因早听说冯先生年轻时出国交流的地点是苏联而非英语国家，我不禁对他刮目相看。之后冯先生在和 Bramble 等教授交流时所展现的渊博的学识以及举手投足间流露出的兼具中国学者谦和与西方学者自信的风度更是让我心生敬佩。

但最让我感动的是，冯先生不仅是一位杰出的数学家，同时也是一位关心青年学生成长的师长。彼时我作为一个普通的学生，虽然之前在北大攻读研究生期间有幸见过冯先生，但也谈不上熟悉。冯先生在康奈尔大学访问时当面肯定了我的很多想法，并对我的许多学术问题给出了非常有指导性的建议。我即将在康奈尔大学毕业时，还收到了冯先生寄给我的一封手写的长信，信里将文章《基于变分原理的差分格式》的历史给我讲了一遍，还附上了文章的影印件。现在回想起来，冯先生与我的谈话和写给我的信对我的影响是长久而深刻的。我作为一个刚毕业的博士研究生，在科研上的很多想法还不够成熟，正处在缺乏肯定的时候，能在这样的时候收到当时闻名遐迩的冯先生的亲笔信，这无疑给了我莫大的鼓舞，让我坚定了在科研道路上继续前行的信心。

我与冯先生的第二次接触是 1991 年，那年我刚刚在宾夕法尼亚州立大学担任助理教授，回国参加在 UCLA 任教的 Tony Chan 教授组织的学术会议，会议邀请了 Achi Brandt、Alfio Quarteroni 等世界各地计算数学界的很多知名人士。我作为会议上一个名不见经传的年轻人并不起眼，可冯先生一看到我就挥手示意并叫我"老许",还拉着我主动跟我说话。我当时愣了一下,但回过神来却感受到一阵暖意,一句"老许"看似随意,但一下子就拉近了我们之间的距离。冯先生这句"老许"虽然过去快 30 年了,但我现在还记忆犹新,每次想起来还忍不住笑意,冯先生的风趣与亲切可见一斑。

又过了一两年,我受邀去中国科学院访问,在一次报告上分享了我和我当时一个学生合作的关于小波解偏微分方程的一些结果,冯先生也坐在下面听。等我讲完之后,冯先生站起来说:"现在用有限元做偏微分方程已经非常成熟了,小波在这个方向可能没有太大的前途。"但当时关于小波的研究很火,我出于好奇指导我的一个学生研究了一段时间,也取得了一些成果,解决了一些之前不适用的 Dirichlet 边值问题等。尽管后来我没有继续这个方向的研究,但也一直在关注这个方向的进展。这么多年过去了,小波在偏微分方程数值解方面的应用的确没有取得太多令人满意的成果,这也证实了冯先生的预言。

后来我在研究有限元的过程中,也受到了冯先生的启发。我的另一个学生Young Ju Lee,他的毕业论文的一个关键部分在保结构算法——时间积分保散度为零上遇到了瓶颈,我让他去找相关的文章,后来他跑来告诉我他找到了一篇非常具有借鉴意义的文章,兴冲冲地拿给我看,我发现竟是冯先生和中国科学院尚在久教授合著的文章。最后我们以这个工作为基础改进的保结构有限元在复杂流体上应用得非常好,这也成了我们重要的研究成果之一。

冯先生作为中国计算数学研究的奠基人和开拓者,不仅在学术研究领域给了我很多帮助,也曾告诉过我一些为人处事的道理。以上提到我与冯先生参加了 Tony Chan 组织的会议,当时我是从美国飞到上海,在入关时行李被海关暂扣,原因是其中有当时非常少见的摄像机以及一些美金现钞,所以需要二次检查。记得那天和冯先生见面后在一起交谈时,海关打电话给我让我去取回行李,旁边有一个好心的学生提出帮我去取。冯先生却私下跟我说:"这种涉及金钱的事情,最好还是你自己走一趟吧!"冯先生一提醒,我才发现确实有不妥之处,就立刻自己跑了一趟,后来我缴纳了一定的手续费才把摄像机取回。我后来联想前后相关过程,越想越觉得冯先生考虑事情非常周到,而且冯先生对我的提醒也是点到为止,这种世事洞明的通达一直是我学习的榜样。

在我心目中,冯先生是国内计算数学界的 godfather 式的人物,他之后的儿代计算数学家或多或少都受到了他的关怀与激励。我身边的例子就不少,比如我在北大的硕士生导师应隆安教授，他也算是冯先生的后辈。我记得冯先生常夸奖与激励应老师的科研工作。还有我的大学同学袁亚湘，当年以优异成绩考取了冯先生的研究生，但当时冯先生考虑到国内优化领域急需人才，就"割爱"推荐刚入学的袁亚湘去剑桥大学跟随 Michael Powell 教授学习最优化理论。几十年过去了，当今中国的优化算法已经处在世界前沿，袁亚湘也已经成为国际上应用数学界尤其是优化研究领域的领袖人物。现在学术界经常可以听到这样的调侃说法："世界上做优化研究的有一半是中国人，中国人中有一半是袁亚湘的弟子。"我想，如果冯老先生能亲耳听到这番话，定会不觉莞尔，对今日的盛况倍感欣慰。

回忆起来，这些事情还如同发生在昨日，可是一晃竟过去约三十年了。2019年中国科学院在香山举办了第三届华人科学与工程计算青年学者会议，这个会议的第一届是由冯先生牵头组织的，当时冯先生为会议在国内外选了两个大会主席，国内的主席是袁亚湘，国外的主席是我。大会才刚刚拉开帷幕，却传来了冯先生逝世的噩耗。为了表达哀悼之情，我当时提议所有参会人员一起为冯先生默哀三分钟。在 2019 年会议的开幕式上，我应邀上台发表讲话，望着下面的前辈、同行和年轻的学生，时间仿佛一下子退回到了 1993 年，想到首届会议的种种情形，我一下子就湿了眼眶。

冯先生一辈子都在学术的道路上不断钻研，是近代中国计算数学界开天辟地的人物。他不仅在有限元和辛算法领域内取得了许多开创性的成果，同时也凭借自身影响力促进了计算科学的其他领域的发展，为祖国培养了不少栋梁之材。永远怀念冯先生！借此机会，我也希望能够勉励自己时刻以冯先生为榜样，继续在计算数学的领域内不断探索，与计算数学领域的同行共勉，传承以冯先生为代表的老一辈数学家的科研精神，在学术道路上勇攀高峰，共创辉煌。

纪念冯康先生

舒其望

值此冯康先生百年诞辰之际，我们深情地回顾冯先生对中国计算数学的原创性贡献以及他对这一重要领域几代学者的影响。

我和冯康先生的唯一一次见面是在 20 世纪 80 年代中期，那时我在美国加州大学洛杉矶分校（UCLA）读博士研究生。冯先生去 UCLA 访问并给了个报告，我的导师 Stanley Osher 教授让我去他办公室见了冯先生。后来在 1993 年，我参加了在北京香山举办的第一届华人科学与工程计算青年学者会议。这个会议是冯先生亲自倡导和组织的，我记得我收到的邀请信有他的亲笔签名。遗憾的是，冯先生在会议开幕的那天去世了。后来在会议期间，我们几个人商议成立一个基金用于颁发以他的名字命名的奖项，这就是现在非常有名的冯康科学计算奖。

尽管我和冯先生只见过一次面，但是他学术上的传奇贡献在我的研究生涯中给了我很多灵感。冯先生在计算数学与科学计算的两个主要领域，即辛算法与有限元方法，作出了杰出贡献。

辛算法指的是可以精确保持原系统哈密尔顿结构的数值方法。正如我们所知，所有数值方法都有数值误差，对时间有依赖问题，这些误差往往随着时间延长而增长。所以对长时间模拟问题，为了保证误差比较小，必须采用许多自由度（网格点、时间步等），即使对于当今的计算机这也往往是不现实的。20 世纪 70 年代，计算机资源还相当匮乏，对许多应用问题是不可能用常规的数值方法获得可靠的长时间解的。冯先生意识到物理系统本身具有一些重要的内在性质，如哈密尔顿结构，它最好能精确保持（至多只是机器舍入误差，而不是数值格式的截断误差）。当然，我们不可能设计出能够消除所有误差的数值算法（否则我们就可以获得原物理系统的精确解了），但是设计一个可以消除特定误差的算法是可能的。对辛算法而言，就是消除哈密尔顿结构误差。冯先生是第一个提出这个概念的人，同时他也设计了一系列具有这种性质的数值方法。后来他的同事和学生沿着这个研究思路取得了许多好的结果。辛算法可以笼统地归属于"保结构"方法体系。"保结构"方法指的是可以精确保持（最多为舍入误差）某些重要物理性质的数值方法，如总质量（流体力学守恒方法）、总能量（许多线性和非线性波方程的能量守恒方法）、零散度（不可压流动方程以及计算电磁学中的麦克斯韦方程与磁流体力学方程的散度为零的方法）、某些特殊的定常解（浅水波方程与带重力项的欧拉方程等的保平衡格式）、正性（计算流体力学以及其他领域的保正或更为普适的保界数值方法）等。我自己的研究工作许多是在设计与分析这样的算法，当然这也得益于冯先生的工作和原创思想。

有限元方法是当今求解偏微分方程最广为应用的数值方法之一。最早有限元方法多用于求解椭圆型偏微分方程，如结构力学问题，但后来被推广用于求解各种类型的偏微分方程。冯先生独立于西方发展了一系列有限差分方法，他称之为"基于变分原理的有限差分方法"。这些方法其实就是有限元方法，它们的解用点值表示看起来像是有限差分方法，但稳定性与误差估计是基于变分原理获得的。后来西方承认冯先生独立发展了有限元方法。现在有限元方法几乎无所不在，很难想象如果我们没有有限元方法，建筑设计、水库设计、飞机设计和太空飞船设计等会是什么样。我的许多研究工作是在设计和分析一种特殊的有限元方法，即间断伽辽金方法，这也得益于冯先生的工作和先驱思想。

2019年暑假，我再次来到北京香山，参加了第三届华人科学与工程计算青年学者会议。我欣慰地发现，在第一届会议过去26年后，有了新一代的从事计算数学与科学计算的中国青年学者，他们正在更广泛的领域开展更深入的工作。当初由冯先生领导的中国计算数学与科学计算界正在蓬勃发展，这种蒸蒸日上的势头一定会持续下去。

My Interaction with Professor Feng Kang

Thomas Yizhao Hou

This year marks the 100th birthday of the late professor Feng Kang, the most influential figure in the development of computational mathematics in China. We have witnessed tremendous growth and rapid developments in applied and computational mathematics in China over the past 30 years. China has produced many first rate applied mathematicians both within China and around the world. This is to a large extent due to the solid foundation that has been laid down by Professor Feng, by his great vision and tireless efforts in promoting applied and computational mathematics within China, and by educating many young talents in a few key areas of applied and computational mathematics. Today there are many outstanding undergraduate students who want to pursue applied and computational mathematics as their majors and in their graduate study. These students are among the most outstanding graduate students in many top universities in the US and Europe. This would not have been possible without the guidance, the leadership, and the vision by Professor Feng.

I first met Professor Feng Kang in person in the summer of 1993. At that time, I just moved from the Courant Institute to Caltech and was invited to attend a PDE conference in the Chinese Academy of Sciences (CAS) co-organized by Professor Xia-xi Ding and Tai-Ping Liu. The conference was held in the Friendship Hotel, which was considered as one of the best hotels at the time. This was my first time to visit Beijing. I got to meet with many outstanding mathematicians in China during my visit and established very good contacts with many PDE experts and applied mathematicians. My most memorable meeting was with Professor Feng. In the middle of the conference, Professor Feng invited Prof. Tai-Ping Liu and myself to have lunch in a Muslim restaurant in Beijing. I still remember vividly the lunch that we had together and our subsequent visit to the new building in the Computing Center. Professor Feng sent a car to pick us up from the Friendship Hotel and took us to the restaurant. Professor Feng told us that the Computing Center has only one car that they could use. We got a VIP treatment thanks to Prof. Tai-Ping Liu and had a great time chatting during our lunch.

After lunch, Professor Feng invited us to visit the new building for the Computing Center. At the time, there were no office buildings in CAS. This was perhaps the first modern office building, which was completed a few months ago. Since the new building housed a number of new and expensive computers, the building was constructed using a very high standard with air-conditioning, which was considered a luxury at the time. The whole building was smoking free. But Professor Feng was a serious smoker. He told us that he got special permission to smoke in his Director's office. He felt very proud about this special privilege. He introduced us with many of his colleagues and we discussed a number of research topics of common interest. Since 1984, Professor Feng had made a number of pioneering contributions to symplectic algorithms for Hamiltonian systems. These algorithms use symplectic geometry and are structure reserving. He learned about my work on the convergence of the Point Vortex Method for the incompressible Euler equation, which also has a Hamiltonian formulation. He showed great interest in my work and wondered whether the Point Vortex Method could benefit from his symplectic algorithms. We had a very stimulating and pleasant discussion that afternoon.

This was my first, and unfortunately also my last meeting with Professor Feng. Since I did not pursue a graduate study in China, I had very little contact with the Chinese computational mathematics community before 1993. But I have many friends who did their graduate study in the Computing Center and CAS. They shared with me many interesting stories about Professor Feng and other Chinese applied mathematicians. During my visit to Beijing in the summer of 1993, I had a chance to meet with Professor Feng and many other outstanding Chinese mathematicians in person. This was an eye-opening experience for me. Since then, I have established excellent personal friendship with many senior and junior Chinese mathematicians and invited quite a few of them to visit Caltech. This includes a few young rising stars in applied mathematics, such as Zhang Pingwen from Peking University and Chen Zhiming from Institute of Mathematics of CAS. Pingwen came to visit me at Caltech for two years, in 1995 and 1997 plus a summer in 1998. Zhiming visited me for one year from 1998 to 1999. Both of them have become Academicians of CAS and have emerged as one of the leaders in Chinese applied and computational mathematics.

Professor Feng has made many fundamental contributions in computational mathematics, especially in the theory of finite element methods, symplectic algorithms, and the natural boundary integral element methods. He enjoyed an excellent reputation in the international mathematics community. I have traveled to many international conferences over the past thirty years or so. Many professors talked about Professor Feng's pioneering contributions in these areas with great respect and admiration. When I was a postdoc and a junior faculty member at the Courant Institute from 1989 to 1993, I was very fortunate to have a chance to collaborate with Professor Peter Lax. He often told me great stories about various leaders in mathematics, including many fascinating stories about Professor John von Neumann. He told me about his great impression of Professor Feng Kang and spoke very highly of his pioneering contributions in establishing the finite element theory in China in late 50s and early 60s without knowing the related efforts by the Western mathematics community. He compared Professor Feng's contributions on the finite element method with that of his teacher, Professor Richard Courant, and considered Professor Feng as one of the three independent inventors of the finite element methods.

There have been several extremely influential applied math leaders in the US and Europe. These include Professor Peter Lax in the US, Professor Jacques-Louis Lions in France, and Professor Heinz-Otto Kreiss in Sweden. Each of these giants built a school of applied mathematics around them and trained many outstanding students who later became leaders in their own fields. Professor Keng is considered in this same category as the leader who built up the Chinese school of computational mathematics with tremendous impact that last for several decades. This was especially difficult to achieve due to the lack of communication with the rest of the world for many years until the end of the Cultural Revolution.

I learned all these good things about Professor Feng before I met him in person. When I finally had a chance to meet him for the first time in the summer of 1993, I was so excited. I was extremely impressed by his mathematical power, his vision for computational mathematics, and by his generosity of treating a very junior applied mathematician like myself with mutual respect. This meeting was one of the most memorable moments in my academic career. I was so shocked when I learned about his tragic passing later that summer. I was hoping that I could get back to him regarding the question that he raised for me on the Point Vortex Method using his symplectic algorithms. I found great comfort when I read the memorial article in honor of Professor Feng by Professor Peter Lax on the SIAM News later that year. This shows how much respect that the entire applied mathematics community values Professor Feng's pioneering contributions and his great impact in computational mathematics.

Professor Feng had devoted tremendous amount of time and energy to nurture the young Chinese applied mathematicians. Before his tragic death, he was very busy preparing for "1993 Conference on Scientific and Engineering Computing for young Chinese Scientists". We were devastating when we learned about the sad news of his unexpected passing on August 17th, 1993. I was very pleased to learn that the Computing Center decided to establish the Feng Kang Prize of Scientific Computing to honor his fundamental contributions to computational mathematics and his unselfish efforts in promoting young Chinese applied mathematicians. I felt extremely honored that I was awarded the Keng Kang Prize of Scientific Computing in 1997. It made me feel that I was reconnected with Professor Feng again.

Professor Feng can now rest in peace. Since 1993, the Chinese computational mathematics has developed into a very dynamic and exciting field. Many outstanding Chinese applied mathematicians have made important fundamental contributions to various areas of applied and computational mathematics. Many of them have received high honors and awards at the international level. China has emerged as a major player in applied and computational mathematics in the world. The fact that Professor Yuan Ya-xiang, a former student of Professor Feng in the Computing Center and Academician of CAS, is now the President of The International Council for Industrial and Applied Mathematics (ICIAM) is an excellent indication of the status of the Chinese applied mathematics in the international applied mathematics community.

冯先生教导我打好纯数学功底

鄂维南

1983 年冬季的一天，我突然接到传来的口信，要我到冯先生家里去一下。我匆匆赶过去，没有想到冯先生找我去，就是为了聊数学，而且是纯数学！冯先生先问了我纯数学方面学了哪些东西，然后就问起我有没有读过 Arnold 的《经典力学中的数学方法》这本书。我当时正开始跟大学里的几个同学讨论这本书，只知道一些皮毛的东西。冯先生建议我认真读一下这本书，尤其是附录部分。

过了不久就是寒假。寒假里我所有的学习时间都花在了这本书上，基本看懂了书的逻辑和证明，但是对整本书的思路仍然没有头绪，附录更是看不懂。

回到北京之后，我定期到冯先生家里去，跟他讨论数学。我们讨论的内容非常广泛，除了上面提到的 Arnold 的书以外，还有 Arnold 的其他书，比方说，关于动力系统的几何理论，还有哈密尔顿系统、辛几何、傅里叶积分算子、李群及 Maslov Index 的书等。主要是冯先生海阔天空地讲，我认真听，下次再告诉他我的体会。除了讲数学以外，冯先生还讲了许多轶事。比方说，冯先生非常佩服华罗庚先生翻译的关于李群的书里面的数学名词，如辛群和酉群，既体现了华先生的数学功底，又体现了他在中国文化方面的修养。这些交流不仅让我大开眼界，更重要的是让我学会了如何看待学问、怎样看问题，这种思维方式一直影响着我。

当然我也逐渐理解了冯先生对 Arnold 的书感兴趣的原因。他说，经典力学有三种表达方法：牛顿的微分方程方法、拉格朗日的变分方法和哈密尔顿的保结构变换方法，每种表达方法都应该有相应的算法，差分法对应的是微分方程形式，有限元对应的是变分形式，所以还应该有对应于哈密尔顿形式的算法。我一直认为这是我至今听到的最深刻、最精致的科学思想之一。

后来，冯先生组织了一个讨论班，讨论 Arnold 的书。我的任务是讲第 9 章的内容，即典型正则化，主要是哈密尔顿-雅可比方法。冯先生认为这是哈密尔顿方法的精髓，也是除附录以外这本书的核心。冯先生最早构造辛格式的思路，就是基于哈密尔顿-雅可比方法。除了书上的内容以外，冯先生还给了我 Vinogradov 和 Kupershmidt 的一篇文章，其中讨论了从拉格朗日子流形的角度来看哈密尔顿-雅可比方程的解。

1984 年的夏天，陈省身先生在北大组织了第一届暑期讲习班，参加的名额是分配到单位的。冯先生特地给程民德先生打了一个电话，为我争取了一个名额，于是我成了讲习班上唯一一个应用和计算数学专业的学生。我在中国科学技术大学学的是纯数学，到中国科学院计算中心以后，除了跟冯先生和我在中国科学技术大学的同班同学讨论以外，基本上就没有再接触纯数学的内容。讨论班上伍洪熙先生、肖荫堂先生、John Morgan 教授和项武义先生等的课，激起了我内心深处对纯数学的热爱。讲习班期间和以后的一段时间里，我自己找了很多纯数学的书籍来读，还写了很多笔记和体会，以至于后来申请出国读书的时候，我也认真考虑了读纯数学。当然，最后我认为当初选择应用和计算数学的出发点是正确的，所以还是留在了应用和计算数学。

1990 年的夏天，冯先生受 Peter Lax 的邀请，到 Courant 研究所讲学。当时我在那里做博士后，自然由我来帮助接待冯先生。他住在 Washington Square North 顶层阁楼的公寓里。整个顶层就只有一个公寓，据说是纽约大学教务长的公寓。公寓的外面是非常宽大的阳台。我几次陪冯先生在阳台上散步聊天，除了数学以外，冯先生还讲了很多其他方面，尤其是社会和政治方面的事情。冯先生一向是比较直截了当的人，但这次他没有把想说的话都直接说出来，看得出来他对我的期望是有些复杂的。这个事情我以后找机会再细说吧，但是有一点他说得很清楚，那就是他认为纯数学的功底对做好应用和计算数学是非常有利的。他说，既然你有很好的纯数学功底，就不能放弃，而是要不断地提高，并且充分发挥自己在这方面的优势。

冯先生的这个教诲，我一直牢记在心。除了对自己工作中碰到的纯数学问题高度重视以外，把应用和计算数学建设得跟纯数学一样高标准和有系统性一直是我多年来努力的目标，也是推动我工作的最大动力。每当碰到困难甚至想放弃的时候，我就会问我自己，如果冯先生还健在的话，他会怎么看？

顺便提一下，第一次提系统性建设计算数学是我从计算中心毕业前，冯先生和教育处处长邵毓华老师一起召开研究生座谈会，想了解我们对改进研究生教育的想法和建议。别人都不发言，只有我说了一句："我们的课程不够系统，有些内容被重复多次，还有些非常重要的内容，比方说流体力学，被忽视了。"然后我又说了一句："计算数学历史比较短，内容不比纯数学，把计算数学系统地总结一下，应该不是特别困难的事情。"当时冯先生听了，没有说话。后来邵老师找到我，批评我口出狂言："那么多计算数学的前辈做了那么多工作，怎么被你说成了没有多少内容。"当然这不是我的本意，不过我很快就认识到我前面的说法是非常错误的！计算数学的内容，不仅仅局限于计算数学本身，而是涉及科学和工程领域的方方面面，这是一个比纯数学要复杂得多的问题。

再讲一件事情，就是冯先生鼓励我问问题。我们在计算中心做学生的时候，时不时地有国际著名专家来访，除了请这些专家做演讲以外，冯先生还会举办一些座谈会，有时候还会让我们介绍自己的工作。每到这时候，冯先生就会叫我去参加，还常常鼓励我发言和提问（据其他老师说，这可能是因为我是中国科学技术大学毕业的）。讲一个题外的故事。我在清华大学上蔡大用老师数值代数课的时候，蔡老师邀请 Varga 在课上讲他在迭代法方面的工作。其中他提到一个他关于 SSOR 迭代法的结果，没有讲证明，但是他希望在座的同学能够自己找到证明。蔡老师说："如果谁能够找到证明，这门课不用考试就可以得 5 分。"我当天回到寝室之后就找到了证明，下次上课的时候告诉了蔡老师。过了没几天，正好（小）Birkhoff 代表世界银行访问中国。冯先生邀请他到计算中心访问，开了一个座谈会。冯先生叫我去参加，还把我叫到他身边。Varga 是 Birkhoff 的学生，他和蔡老师也被邀请参加座谈会。在 Birkhoff 面前，Varga 表现得像个兴奋的孩子，不断举手提问。没有想到蔡老师突然指着我对 Varga 说，这个年轻人证明了你的定理。Varga 表现出一副不相信的样子，要我当场证明给他看。当时既没有黑板也没有纸，更重要的是我没有多少用英文讲解数学的经历，所以有些手忙脚乱。我匆匆口头讲完之后 Varga 还是不相信。后来我把证明写了下来，交给了蔡老师。蔡老师允许我不参加考试，而且给了我 5 分。这应该是 1982 年的事情。1996 年的秋天，我去访问 Kent State 大学的液晶研究所，在 Faculty Club 碰到 Varga。还没有等我的 host 把我介绍给他，Varga 就认出了我，并且说我还欠他一个证明！（看来蔡老师没有把我的证明寄给 Varga。）

冯先生的鼓励的确让我养成了提问的习惯，使得我终身受益。尤其是我用英文提问的胆量和能力，就是在计算中心锻炼出来的。我到美国以后，几乎没有感觉到过学术交流方面的困难，这跟冯先生当年的鼓励和帮助是分不开的。

　　从 1982 年的春节我决定投身于应用和计算数学，到 2020 年春节，刚好是三十八年过去。这三十八年的研究生涯中，我觉得最为受益的，除了在黄鸿慈老师和 Engquist 老师指导下学到的计算数学的基本功之外，就是我的纯数学功底和从全局的角度去看待问题的思维能力。后两者都是跟冯先生的指导分不开的。冯先生对我的要求，也一直是我工作的动力。他的过早离世，不仅是中国应用和计算数学界的重大损失，也是整个国际应用和计算数学界的重大损失。对我个人来说，更是难以估量的损失，但是他的学问和精神，却永远在指导着我，激励着我。我们永远不会忘记他！

纪念冯康先生诞辰 100 周年

张平文

我认识冯康先生，冯先生应该不认识我。虽然我与冯先生没有过深入交往，但通过有限的几次聆听或远视，冯先生给我留下了深刻的印象。

冯康先生是我国计算数学学科的创始人、国际计算数学领域著名专家，他在有限元和辛算法方面取得的成果已经载入史册。20 世纪 50 年代末，冯康先生在解决大型水坝计算问题的集体研究实践的基础上，独立于西方创造了一整套解微分方程问题的系统化的计算方法，当时命名为基于变分原理的差分方法，即现时国际通称的有限元方法，给出了离散解的稳定性、逼近性和收敛性证明，并揭示了此方法在边界条件处理、特性保持、灵活性、适应性和理论保障等方面的突出优点。这一方法特别适合解决复杂的大型问题，并便于在计算机上实现。1984 年起，冯康先生将研究重点从以椭圆方程为主的平衡态稳态问题转向以哈密尔顿方程及波动方程为主的动态问题，首次系统地提出哈密尔顿方程和哈密尔顿算法，提出从辛几何内部系统构成算法并研究其性质的途径，开创了辛算法或保结构算法这一新领域。

冯先生不仅自己学问做得好，也带出了一支很强的计算数学队伍，所谓强将手下无弱兵。冯先生于 1978 年创立了中国科学院计算中心，并担任中心主任到 1987 年，这个计算中心就是现在中国科学院计算数学与科学工程计算研究所的前身。20 世纪 80 年代，中国科学院计算中心在国际计算数学界的学术地位和知名度都很高，经常会有国内外不同领域的专家学者交流访问，主办各种类型的高水平学术活动。

1988 年下半年，我刚开始读研究生，当时为了勤工俭学，经师姐介绍，我到中国科学院计算中心去做兼职，在张绮霞老师的课题组从事数值软件包 STYR 研究。张绮霞老师是一个非常热心的人，经过她的引见，我认识了计算中心的黄鸿慈、张关泉、黄兰洁、孙家昶等多位计算数学前辈。那几年，冯先生刚从行政岗位上退下来，虽然年近七十，仍然精力旺盛，组织了很多学术活动，有时候还会亲自上台作辛算法方面的学术报告，分享自己科研工作的一些思考，并耐心解答青年学子们的提问。我在这期间有幸旁听了冯先生的很多报告，从报告中可以看出冯先生亲自来上机编写程序并做数值模拟工作，每次听完，我都感到受益颇丰。

耳濡目染之后，我越发认识到冯先生所做的工作以及计算数学在国家重大科学和工程项目中发挥的重要作用，这也使得本科时学习基础数学的我，更加坚定了自己在研究生期间攻读计算数学的决心。现在回想起来，在计算中心的这段经历事实上对我个人后来的学术道路产生了非常大的影响。

1991 年，我正在攻读计算数学专业的博士学位，为了了解这一领域的最新进展，我报名参加了在南开大学举行的第三届全国计算数学年会，并报告了自己的研究成果。冯先生此前是中国计算数学学会的理事长，这次会议期间学会进行了换届，周毓麟先生接替冯先生担任学会理事长。

20 世纪 90 年代初，冯先生组织计算数学队伍承担国家基础研究的重大关键项目"攀登计划"，冯先生逝世后由石钟慈老师负责，后来发展成"973 计划"项目。这些重大项目对我国计算数学学科的发展起到了关键性作用，对我们年轻人的成才也极为重要。

1993 年上半年，年逾七十的冯先生开始着手筹备华人科学与工程计算青年学者学术讨论会，希望为国内外从事计算数学的年轻人搭建一个相互交流的平台。我这时已经博士毕业并留校任教，成为一位青年教师，有幸受到邀请参加了这次会议并作学术报告。海内外众多青年学者也非常关注这次讨论会，被邀请或者报名参加会议的青年学者非常多。然而，会前一次不小心的滑倒导致冯先生摔伤了头部，最终不幸逝世。

冯先生的离去，是我国计算数学领域乃至整个数学学科的重大损失。对我而言，没能得到冯先生更多的教诲，也是一个非常大的遗憾。所幸在冯先生的感召下，我自工作之后一直从事着计算数学的科研和教学工作。

更令人欣慰的是，冯先生发起的这个讨论会，不但帮助很多海外华人青年学者在国内作出了重要的学术贡献，而且会上为纪念冯先生而设立的"冯康科学计算奖"，现在也已经成为我国计算数学领域的最高奖项，正激励着国内众多计算数学的专家学者在这个方向上奋发图强，做出更大成绩。

时至今日，我想冯康先生身上仍有很多地方，值得我们学习和借鉴。

冯先生早期研究的方向是电机和物理，后来又进入计算数学领域，广泛的涉猎使他对实践中的科学问题格外关注。在应用计算数学理论研究电机、物理等问题的过程中，冯先生深刻地认识到，计算数学的发展离不开以计算机为代表的计算技术，只有将二者紧密结合，才有可能做出更好的成果。正是在这一思想的指引下，冯先生指导或者带领团队在大型水坝的应力计算、核武器内爆分析与计算、流体力学稳定性计算、数值天气预报等诸多方面取得了一系列重大的理论与实践成果，这种理论与实践结合、科学方法与技术手段并重的治学方式非常值得我们大家共同学习，并在以后的工作中长期坚持。

中华人民共和国成立后的较长一段时间里，我国的计算数学学科处在与发达国家并驾齐驱甚至领先的地位。这其中一部分原因是世界各国的计算机技术基本都处于起步阶段，软硬件发展水平整体相差不大，利用计算机解决实际问题的综合能力也较为接近；但更重要的是，当时由冯先生领衔的一大批国际知名的计算数学专家，使得我国计算数学学科的起点和定位比很多其他学科都要高，学术视野也更加开阔。有这些大师们的杰出成就在前，后辈学子们自然不敢放松，唯有站在巨人的肩膀上继续攀登。

当前，虽然我们在计算数学领域不断涌现出优秀的科研成果，但能够称得上具有世界级影响力的，可能还是需要回溯到冯先生，回溯到他独立于西方所创造的有限元方法、辛算法等伟大成就。我们期待当代的计算数学学者们共同努力，扎实治学、刻苦攻关，争取早日出现能够媲美甚至超越这些方法的原创性科研成果，我想这也是冯先生非常希望看到的。

还有一个利好条件是，随着当前我国经济社会的不断发展，我国的综合国力已经跃居世界第二位，经济、科技、军事等诸多领域有越来越多的实际问题需要利用数学方法来进行分析和处理。特别是随着大数据、人工智能等新一代信息技术的广泛应用，包括计算数学在内的数学学科受到了国家领导、学术界、产业界乃至社会民众的高度重视。这在某种程度上与早先冯先生引领我国计算数学大发展的那个时期有些类似，计算数学与国家需求的结合非常紧密，甚至可能形成一种层次更深、范围更广、时间更长、价值更大的融合。因此，我们有理由相信，在冯先生治学精神的指引下，在吾辈学者的共同努力下，我国的计算数学学科必将获得更加蓬勃的发展，迎接更加光明的未来。

冯康先生的学术思想对我的影响

金 石

我 1983—1986 年在中国科学院计算中心（现在的中国科学院计算数学与科学工程计算研究所前身）工作和攻读硕士研究生共三年。当时冯康先生是计算中心主任。那时的我年轻且无知，并没有胆量跟冯先生直接接触或探讨学术问题，但当时他刚开始研究哈密尔顿系统辛几何和辛算法，经常有这方面的学术报告，偶尔去听一些，虽然听不懂，但在那样好的学术环境耳濡目染诸多学者的风采，对我未来的学术生涯的影响是深远的。

当时计算中心云集了国内许多顶尖的计算数学学者，有限元除冯先生之外，还有崔俊之、黄鸿慈等老师，数值代数有孙继广老师，孤立子有屠规章老师，样条逼近有孙家昶老师，优化有席少霖老师，地球物理有张关泉老师，我在的计算流体组有朱幼兰、黄兰洁、张耀科、王平恰老师，等等，真是群贤毕至，阵容豪华。很多老师对我工作、学习和生活有过许多帮助，至今仍念兹在兹。

我后来从事计算数学和应用数学研究，构造的一些计算方法显然有冯先生学术思想的影子。下面举几个例子。

冯先生是辛算法的先驱者，辛算法的主要思想就是保持物理方程的一些重要结构——对哈密尔顿系统是辛结构。现在"保结构"算法已成为物理方程计算方法的一个基本要求和研究热点。目前在多尺度动理学方程计算方法研究方向中颇为流行"asymptotic-preserving"（渐近保持）方法，我在 1999 年引入这个词汇时，显然是潜移默化地受到了冯先生保结构算法思想的影响，只不过这里是在离散空间保持从微观尺度到宏观尺度的渐近结构。

后来我在研究带奇异性的哈密尔顿系统以及相关的量子动理学半经典极限问题中，面对哈密尔顿量有间断情形下解无法定义的困难（因为相应的常微分方程右边不再是 Lipschitz 连续，因此初值问题变成不适定），再次把能量——也就是哈密尔顿量——跨过间断依然守恒的性质作为界面条件，解决了这类问题解的定义问题，并把这个条件自然地浸入计算格式中。有趣的是，这个守恒性恰好对应于古典粒子跨过势垒时的反射和透射(transmission)，因此和物理性质是吻合的，尽管数学方程本身并不包含这一信息。将此思想用到几何光学问题上去的时候，这个哈密尔顿守恒性质正好对应于波在界面满足的 Snell 法则，一个物理法则和计算方法天然和漂亮地结合在一起！

　　冯先生令我印象深刻的一句话是许多东西"数学上等价，但计算上不等效"。人们在构造渐近保持格式的时候，常常需要将方程改换形式，变成适合构造满足渐近保持性质的形式。这正是"数学上等价，但计算上不等效"的非常好的例子，也是我常常用来提醒学生的话。

　　谨以此短文纪念冯康先生诞辰 100 周年，同时怀念在计算中心三年的时光，也感谢那时给我巨大帮助的老师和朋友们！

通过创作《冯康传》再次感受到先生的伟大

汤 涛

受中国科协、中国作家协会的委托，著名作家宁肯四年前开始创作《冯康传》。他写了很大一部分之后于 2017 年秋来到深圳，我们有了第一次见面。他很希望我能加盟写作，他认为这样更能把握冯先生作为中国计算数学创始人的学术贡献和学术人生。

实际上，十一年前《数学文化》期刊创刊的时候，我已经写了部分关于冯先生的事迹。当时写作的主要推力是黄鸿慈教授。黄教授是我在北大的老学长，他于 1990 年离开工作了三十余年的中国科学院，在香港浸会大学创建计算数学专业，培养了香港浸会大学第一位博士。二十年前，他即将退休，希望我来接班，为此他还专门亲临加拿大找我。应他的邀请，我 1998 年辞去加拿大的终身教职，加盟香港浸会大学。到香港后，我和他有着两年的交接期，这期间的交往使我终身受益。

黄先生跟随冯康三十年，按他的话说："作为科学家，冯先生是无与伦比的。他有深厚的数学素养、渊博的科学知识、敏锐的探索触角。特别是科研上那种艰苦卓绝的精神和态度，我始终钦佩得五体投地。而且，冯先生是我业务入门的引路人，对我有过许多帮助、鼓励和奖赏，对这些我也是永记不忘的。"通过黄先生我知道了冯康的很多故事，也知道了他们那个"火红年代"的传奇，这是我 2010 年写作《冯康——一位杰出数学家的故事》的主要动力。

我在北大读研究生时，冯康先生曾给我们上过半学期的课，基本讲的是辛几何算法，记得很清楚的是他往往写了满满一黑板后，就休息一会儿，由他的助手（应该是汪道柳）给他擦黑板。1992 年我从加拿大回国访问时，曾应邀到中国科学院计算中心讲学，记得我讲到一半以后，冯先生出现了，之后参加了讲座后的晚餐，那是一个美好的夜晚。

2009 年我和山东大学刘建亚教授等志同道合的朋友准备办一个宣传数学、

普及数学的期刊,起名叫《数学文化》,创办此刊也是我这辈子感到自豪的一件事。当时约定每个编委每年至少写一篇文章,我就想起了黄鸿慈教授给我讲的很多故事,于是我就想写冯康先生了。在当时的同事杨蕾、姚楠的协助下,我们采访了冯端、冯慧、石钟慈、林群、张关泉、袁亚湘等先生。几年过去了,冯慧、张关泉二位前辈已经作古,令人惋惜。《冯康——一位杰出数学家的故事》历时半年写成,分四次在《数学文化》连载,共 76 页,这也是现在即将出版的《冯康传》前半部内容的主要材料。

连载登出后,吸引了很多读者。几年来总是有人问我何时把冯康故事后半部写完。前半部完稿后,我的行政工作多了起来,特别是我于 2015 年加入南方科技大学后,写书的时间完全没有了。南方科技大学是一所创新型的大学,这几年人才汇聚,日新月异,大家的创业激情高涨。我也需要投入很多时间参与行政、科研、教学,完成书稿的计划就停下了。

写作《冯康——一位杰出数学家的故事》前半部分,结识了冯端、陈廉方夫妇,他们是冯康先生的弟弟和弟媳。这是我人生的一件幸事。我 2009 年去采访他们的时候,他们提前就准备好了厚厚的材料、各个时期的相片。我们去采访了两次,把很多和冯家相关的相片都翻拍了,也拿到了很多原材料。陈廉方女士当时已经八十岁了,可是保养得好像六十岁的人,思路敏捷,给我们采访提供了很多帮助。他们夫妇二人对兄长的情谊让我动容。近十年来,我们一直保持着联系,他们对我的工作和成长也非常关注,让我很感激。

2018 年 5 月底,我到南京大学参加学术会议,顺道拜访冯端夫妇。冯先生对作家宁肯先生正在写作的《冯康传》非常关注,希望有一个懂数学的人参与。他强烈建议我来参与写冯康,我犹豫再三,主要是怕没有时间,但最终还是答应了。

和黄鸿慈先生、冯端先生的忘年交,使我决定再忙也要挤出时间把我们的时代英雄冯康写出来,写完整。同时,我也希望能够写出一个并非"歌功颂德"版的,而是一个比较"有血有肉"的传记来。我觉得只有如此,才能够使冯康这位伟大的数学家在人们的心目中更有立体感、更有接受感。

通过创作《冯康传》,我能够比较系统地了解冯先生的学术贡献、学术人生,以及非凡的洞察力。特别是再次阅读了冯康先生 1965 年的重要论文,翻看了 Oden、Babuska、Trefethen 等著名数学家对冯先生的评价,更加了解了其原创工作的历史影响：

- 著名力学家、美国工程院院士奥登（J. T. Oden, 1936—）在其《有限元的历史评论》一文中指出："冯康 1965 年用中文写作的文章，西方十多年后才予以了解，被很多人认为是有限元方法收敛性的第一个证明。"（…… is regarded by many as containing the first proof of convergence of finite-element methods.)

- 冯康逝世一年后，著名有限元权威学者伊沃·巴布斯卡（Ivo Babuska，1926—）发表《有限元方法 50 年》，文章第九节冠以题目"1943—1992年间有限元的数学理论"，此节开宗明义地指出："有限元方法是基于变分原理的一种离散方法 …… 这个方法在 20 世纪 60 年代被美国、苏联、中国数学家分别独立地提出。"他列出了三组奠基性工作：美国的弗里德里希斯(1962 年、1966 年作出贡献)，苏联的奥加涅相（Leonard Oganesyan）(1963 年作出贡献)，中国的冯康(1965 年作出贡献)。关于冯康的贡献，他专门写道："1965 年，冯康对二阶问题和弹性问题提出了有限元方法，他提出可以用不同的有限元空间逼近，以及网格上的不规则点的选取，后者今天被人们用来达到加密的目的。他证明了在索伯列夫 H1 空间的收敛性。"

- 2008 年，由菲尔兹奖得主高尔斯（Timothy Gowers）主编的《数学指南》出版，133 位数学家共同参与写作。其中由世界著名数学家专门编写的约 200 个词条，介绍了基本的数学工具和词汇，解释了关键性术语和概念。"数值分析"词条由牛津大学教授、英国皇家学会院士特列菲森（Lloyd N. Trefethen）写作，他在书的第 615 页列出了从公元 263 年到 1991 年人类历史上的 29 个重大算法[①]，其中第一项是线性方程组求解（刘徽、高斯、拉格朗日、雅可比），第二项是牛顿迭代法，……，第九项是有限元方法（柯朗、冯康、阿吉里斯、克劳夫）。在横跨一千多年、上百名主要数值算法的发明者中，只出现了刘徽、冯康两个东方人的名字。

2002 年国际数学家大会在北京举行。大会主席吴文俊先生在开幕后的访谈"中国数学不仅要振兴更要复兴"中坦言："我们独创的东西不够。开创一

---

① 此处我们去掉了 31 项中的两个软件 MATLAB 和 LINPACK，它们不属于"算法发明"的范畴。

个领域，让全世界的人跟着你，这类东西不够。从华罗庚到陈景润，我国数学家做出了很多出色工作。20世纪80年代以后，从事计算数学的冯康在数学领域取得了世界公认的成就。冯康先生这样的创造，不仅要有一个、两个，还要有很多，才称得上世界数学大国。"我认为这是对冯康先生"独创"贡献的最高度评价。

经过和宁肯先生的共同努力，《冯康传》于2018年底完成了。经过一年的多次审校，我们于2019年底被告知书稿可以付印了。希望在纪念冯先生百年诞辰活动之际，这本书能够顺利和大家见面。

最后，让我引用《数学文化》2010年的《冯康——一位杰出数学家的故事》卷头语，来表达我这个晚辈对冯康先生的崇高敬意：

● "冯康的故事包含了太多中国人的隐忍与坚强，也包含了太多中国文化的禁忌与哀伤。或许这就是冯康带给人们的复杂情感，以至于他原本成就于一个英雄辈出的时代，却没有被时代赋予英雄的光环。"

● "尽管如此 —— 科学不会忘记，世界不会忘记，那个'瘦削的身影，闪烁着智慧的眼神，以及永远充满活力的面孔'。"

冯康先生的传承

杜　强

作为中国计算数学大师，冯康先生的生平故事和学术成就已家喻户晓。收到计算数学所约稿纪念冯先生百年诞辰，我心中唏嘘自己和他本人仅有一面之缘，同时深感他对我的学术生涯的巨大帮助和影响。这个寻常的故事里体现着冯先生那常被大家怀念的非凡之处。

一面之缘和十分遗憾

比起不少更年轻些的计算数学同行，我还是幸运地见到过冯先生的，20世纪 80 年代初在大学就读不久就亲耳聆听过冯先生的讲话。那一次能得到这一宝贵的机会，是赶上了在中国科学技术大学任教的石钟慈老师陪同冯先生与中国科学技术大学数学系学生们的见面会。听说冯先生是计算数学的大师，可惜我当时所学太少，也不懂得何为计算数学。入大学前，做过计算研究的二叔送给我一个精美的对数尺，好像那就是当时我心目中除了算盘外最厉害的计算工具了。1983 年我考取了陈省身项目到美国留学，同届考取的有读计算数学专业的学长，但我那时对计算数学所知依然很少，在中国科学技术大学喜欢的是微分几何理论，从没学过任何计算方法，甚至连计算机是什么样都不知道。系里很宽容，为了给顺利毕业开绿灯，把算法语言课也免了。之后我被推荐到以计算出名的卡内基梅隆大学读博，看到教学楼里的计算机室和常在外面"溜达"的"机器人"，我才发现计算这个神奇的世界，而不幸的是自己是个彻底的计算机盲，更不了解当时中国计算数学的状况。我曾有疑问是否避己之短去学只用搞理论证明的专业，但学习计算也挺符合时代潮流。过了两年拿了硕士学位回京探亲，想顺便了解国内情况。二叔带我到了周毓麟先生家求教，才得知国内计算数学有一支很好的队伍，也亟待进一步发展壮大。但之后留在外面工作了不少年，一直等到 1992 年我才得以在毕业后第一次回国交流，受邀到中国科学院应用数学所参加海内外青年应用数学研讨会，那是我出国前曾经学习过的地方，印象中会上有很多高水平报告，如马志明老师讲了他的重要工作，但整个研讨会涉及计算的很少，我能听懂的不多。好在报告之余我结识了林群先生，炎热的夏天在他办公室我和周爱辉、严宁宁等一边吃冰凉的西瓜，一边相谈甚欢。那次会上我还认识了陈志明，当时就想如果有计算专业的交流就更好了。恰如所愿，1993年我再次回国参加计算数学所组办的海内外计算数学青年学者研讨会，心中抱了很大期望，那年夏天在香山脚下举办的会议是个许多年后仍十分让人怀念的活动。除了一些在海外就已结识的学长，那次会上我还结识了新的同行和朋友，如后来共事多年的张林波、张平文等。参会的朋友都听说冯先生对香山会议特别重视，亲自过问会议手册。不料在招待所报到刚刚入住后却听到了冯康先生去世的噩耗。记得晚上袁亚湘、舒其望、齐远伟、邓越凡几位还有我都去了汪道柳的房间里，大家追忆冯先生的学问和故事，又讨论起为设立冯康科学计算奖发起捐款的倡议，后来在会上的倡议受到了热烈回应。回去后我也认真填写了捐赠的支票寄给所里。那次难忘的盛会给我留下了很大遗憾，盼望已久的再次认真聆听冯先生指教的愿望终究未能实现。但也正是经过那次冯先生十分关照的会议，我开始与中国计算数学结缘，这给我之后的学术发展留下深刻烙印。

影响长存和后继有人

冯先生去世后，我对他的一生知道得越来越多，冯先生通过他的学术工作和受他传承的计算数学队伍，在过去的二十多年里也常常影响着我。1995年我辞去了国外的终身教职回到香港等待回归到来，和内地的学术交流也逐渐增多。1998年从香港科技大学回计算数学所参与"973"项目申请，队伍的主力很多参与过冯先生生前组织的"攀登计划"项目。其中融聚了国内科学计算的许多顶尖人物，项目也为优秀的年轻一代提供了大显身手的机遇。大家的贡献和共同努力让大规模科学计算研究项目五年后成功结题，并获科技部优秀团队奖励。我自愧当时年轻，经验不足，也难以长期承受巨大压力，只参加了一期"973"项目。但那期项目的辛苦给了我很大的锻炼和学习机会，我有幸成为从冯先生那里传承下来的队伍中的一员，并与科学计算同行们结下了深厚友谊。项目立项的成功更是靠冯先生当年获国家奖励的研究成果作为基石，冯先生的成就和影响提升了科学计算队伍在国内科技界的地位，他虽已故去，可冥冥之中他的护佑仍持续不停，让我们感受深刻。他独创求新的思想为我们所敬仰，他在古稀之年对科研仍孜孜不倦，是后人的榜样，他对队伍里年轻人的指点和提携为学科的持续发展提供了最重要保障。

随着计算能力的不断进步，应用和计算数学学科如虎添翼。传统的方向和新兴的应用都给科学计算学科的发展持续注入动力。十五年前我在"973"项目结题汇报的基础上发表了《信息与智能化的科学计算》的文章。今年回计算数学所作报告又重谈此题，以应用与交叉为驱动，创新理论与算法，利用最先进的计算工具，挖掘信息和增强智能，从而发现规律和学习知识并体现价值，应用和计算数学的道路会越走越宽。就像有一次参加第二期"973"项目实施动员大会发言时用的四句话：师长推后生，交叉蔚成风，人和应天时，计算入大乘。我们的学生、博士后都在不断超越老师，青年一代正在涌现更多的优秀人才。这都非常可喜，也可以告慰冯先生。冯先生作为大师的特殊之处不仅是他个人的科研成就，更是他带出来的队伍后继有人，他关注的学科前程光明。我们纪念和感谢冯先生和其他为中国计算数学、科学计算作出极大贡献的前辈们，也祝愿青年人能获得更多机会，在更大更高的平台上把冯先生从事过的事业不断推动向前。

怀念冯康先生

张林波

冯康先生是我国计算数学学科的开拓者与奠基人,是享誉国际的计算数学大家。我作为一名计算数学科研工作者,从学习到工作都得到了冯康先生的指引和提携。今年适逢冯康先生百年诞辰,有幸受到冯康先生百年诞辰纪念文集编委会邀请为文集撰文,借此机会追忆与冯康先生的些许往事,以表怀念。

我于 1982 年从大学毕业,并幸运地考取了中国科学院计算中心研究生并被选派公费出国留学。最初我们计划前往美国留学,后因当时中美之间发生了一些贸易摩擦,当年派往美国的许多留学计划被迫取消,我们的留学目标国改成了法国。1982 年到 1983 年间,我和计算中心另外一位计划赴法留学的同学一起在北京语言学院(即现在的北京语言大学)出国留学人员培训部学习法语,为赴法国留学做准备。在北京语言学院学习期间,我们需要自行联系、申请,确定赴法国留学的学校和导师。当时适逢法国巴黎第十一大学的 Roger Temam 教授和巴黎第六大学的 Philippe G. Ciarlet 教授受邀来华进行学术交流,冯康先生决定借此机会把我们两人分别推荐给他们。一天,冯康先生在家中设宴,与两位法国教授共进晚餐,我们二人按照事先安排,在宴请快结束时来到冯康先生家中,并在客厅等候。晚餐结束后,冯康先生陪同两位法国教授来到客厅,向他们介绍了我们二人的情况,希望他们能够接受我们前往法国分别跟随他们攻读博士学位,当场便得到了他们的同意。随后,冯康先生又让我们二人每人选一位教授作为导师,结果我选择了巴黎第十一大学的 Temam 教授,就这样顺利地敲定了赴法留学的事宜。我于 1983 年 9 月前往法国,在 Temam 教授的指导下学习,并于 1987 年底获得博士学位,随后回到计算中心博士后流动站从事博士后工作,博士后出站后留在了计算中心工作至今。赴法国留学为我从事科学计算方面的科研工作奠定了基础,是我人生中最为难忘的一段经历。

万万没想到的是,我最后一次见到冯康先生竟然是在北京大学第三医院的病房里。1993 年 8 月的一天，冯康先生因为一次意外的摔倒一直昏迷不醒，在北医三院抢救。我们被安排轮流陪床，有半天由我负责值守。遗憾的是，整个陪护过程中，冯康先生一直处于昏迷状态，我未能有机会再聆听到他的只言片语，连一次眼神的交流也未能如愿。

冯康先生高瞻远瞩，极富战略眼光，对我国计算数学学科和科学与工程计算事业的发展进行了精心的规划。他不光在学科建设和人才培养上精心布局，还从多方面做了大量的工作，包括创建计算数学学会，建立"科学与工程计算国家重点实验室"，设立国家"攀登计划"项目"大规模科学与工程计算的方法和理论"，创建 *Journal of Computational Mathematics*、《计算数学》和《数值计算与计算机应用》三个计算数学刊物，等等。这些举措为我国科学计算事业的迅猛发展和大批优秀人才的涌现发挥了重要作用。

饮水思源，冯康先生为我们奠定了良好的研究环境和基础，我们唯有兢兢业业，努力继承和光大他所开创的科学计算事业，以优异的科研成果告慰先生在天之灵。

冯康大事记

1920 年 9 月 9 日	出生于江苏省南京市
1926 年	迁居苏州，进入省立苏州中学附属实验小学，毕业后升入苏州中学
1938 年 8 月	为避日寇迁居福建永安，自学大学课程
1939 年 2 月	考入福建协和学院数理系
1939 年 9 月	考入重庆国立中央大学电机系
1941 年	转入中央大学物理系。因父去世，半工半读任交通部报话费核算员
1941 年	染上脊椎结核病
1943 年	读完大学课程；先后任重庆广益中学数理教员、重庆兵工学校物理实验室助教
1944 年 4 月	重病卧床，自学数学著作
1945 年 9 月	任复旦大学物理系助教，次年随学校迁上海
1946 年 9 月	到北京任清华大学物理系助教；一年半后转任数学系助教，受教于陈省身和华罗庚
1948 年 12 月	开始基础数学研究
1951 年 3 月	被选调到中国科学院数学研究所，任助理研究员
1951 年	被选为留苏研究生，赴莫斯科斯捷克洛夫数学研究所，师从著名数学家庞特里亚金
1952 年	脊椎结核病复发，住入莫斯科第一结核病院
1953 年底	病体渐愈，提前回国；继续在中国科学院数学研究所从事基础数学研究
1957 年初	根据国家十二年科学发展计划，受命调入中国科学院计算技术研究所三室，（参与）筹组计算数学研究队伍
1959 年	被评为全国先进工作者

1961 年	开始招收"计算数学"研究生，成为研究生导师
1963 年	建议开展"计算数学"系统研究，成立"计算数学理论组"（三室七组）
1964 年	当选为第三届全国人大代表
1965 年	发表《基于变分原理的差分格式》，奠定有限元方法数学理论基础
1978 年	"有限元方法"获得全国科学大会重大成果奖
1978 年	成立中国科学院计算中心，任主任
1978 年	任中国计算机学会副主任委员
1979 年	创办《计算数学》杂志并任主编
1979 年	被评为全国劳动模范
1979 年起	任中国计算数学学会首届副理事长，第二届理事长
1980 年	当选为中国科学院数学物理学部委员（院士）
1980 年起	两任国务院学位委员会委员，三任国务院学科评议组成员直至去世
1980 年	创办《数值计算与计算机应用》期刊并任主编
1981 年	成为首批博士生导师，招收博士研究生
1982 年	"有限元方法"获得国家自然科学奖二等奖
1982 年	成为世界数学家大会 45 分钟特邀报告人
1983 年	创办英文版计算数学期刊 *Journal of Computational Mathematics* 并任主编
1984 年	关于"哈密尔顿系统的辛几何算法"的首篇论文发表
1986 年 4 月 22 日	向国务院领导提交发展大规模科学计算的《紧急建议》，此后应约向李鹏面陈建议
1987 年	任中国科学院计算中心名誉主任
1990 年	中国科学院计算中心设立面向中心博士研究生的"冯康计算数学奖"

1990 年	"哈密尔顿系统的辛几何算法"获得中国科学院自然科学奖一等奖
1991 年	成立"科学与工程计算国家重点实验室"筹建组，任主任
1991 年	任国家"攀登计划"首批项目"大规模科学与工程计算的方法和理论"的首席科学家
1993 年 8 月 10 日	深夜入住北医三院
1993 年 8 月 17 日	因后脑蛛网膜大面积出血，医治无效逝世
1993 年	美国 SIAM News 发表著名数学家拉克斯院士的文章《悼念冯康》
1993 年	为表彰冯康院士为我国计算数学和科学工程计算事业所做出的奠基性和开拓性贡献，决定设立面向全球华人青年计算数学与科学工程计算专家的奖项——冯康科学计算奖
1995 年	冯康科学计算奖首次颁奖
1997 年	"哈密尔顿系统的辛几何算法"获得国家自然科学奖一等奖

国内外重要评述：

1993 年	美国 SIAM News 发表著名数学家拉克斯院士的文章《悼念冯康》
1998 年	丘成桐发表《中国数学发展之我见》，高度评价"冯康在有限元计算方面的工作"
2002 年	江泽民主席在两院院士大会上高度评价"有限元方法和辛几何算法"
2006 年	牛津大学特列菲森院士在《数学指南》里列出了人类千年史上的 29 项重大算法，第九项有限元方法发明人是柯朗、冯康、阿吉里斯、克劳夫

2008 年	胡锦涛主席在纪念中国科协成立 50 周年大会上高度评价"有限元方法"
2019 年	"辛几何"入选中国科学院改革开放四十年标志性科技成果